江西官山兰科植物多样性研究

杨柏云 曹 锐 李 怡 等 编著

中国林业出版社
China Forestry Publishing House

图书在版编目（CIP）数据

江西官山兰科植物多样性研究 / 杨柏云等编著. 北京：中国林业出版社, 2024. 11. -- ISBN 978-7-5219-3010-8

Ⅰ. S682.31

中国国家版本馆 CIP 数据核字第 2024K9A023 号

策划编辑：李　敏
责任编辑：王美琪
书籍设计：北京美光设计制版有限公司

出版发行：中国林业出版社
　　　　　（100009，北京市西城区刘海胡同7号，电话 010-83143575）
电子邮箱：cfphzbs@163.com
网　　址：https://www.cfph.net
印　　刷：河北京平诚乾印刷有限公司
版　　次：2024年11月第1版
印　　次：2024年11月第1次
开　　本：787mm×1092mm　1/16
印　　张：12.5
字　　数：252千字
定　　价：128.00元

《江西官山兰科植物多样性研究》编著者

南昌大学

杨柏云	罗火林	周亚东	谭少林	刘雪蝶	唐晓东	杨美华	梁钟轩
方　艺	程卫星	胡铭涛	杨　过	黄　浪	刘飞虎	李莉阳	陈兴惠
肖汉文	陈衍如	肖鹏飞	毛欢窈	李冬萌	刘　琳	刘洋洋	詹清华

官山国家级自然保护区管理局

曹　锐	李　怡	王国兵	易伶俐	方平福	熊　勇	黎杰俊	欧阳园兰
钟曲颖	彭巧华	李梓锋	陈　玥	岑　进	袁子旭	兰　勇	戴宇峰
余泽平	左文波	陈　琳	杨　欢	刘潇雨	邬淑萍	康　童	龚　雨

序
Foreword

在亚洲许多地区都存在一种由于宗教信仰而在村寨附近保留规模不一的原生植被的习俗，这类植物在我国则称为"风水林"。在我国南方风水林很普遍，20世纪90年代我最后一次在野外看到文山红柱兰就是在一小片风水林中看到的几个植株。这几株文山红柱兰由于我国的"兰花热"最终还是消失了，但风水林对生物多样性的影响越来越受到人们的重视。直到有一次访问官山国家级自然保护区（简称"官山保护区"）以后，我才了解其实在我国还有另外一种传统的生态和生物多样性保护形式，即官方的保护。后来在山西阳城县蟒河自然保护区，证实了这种官方保护形式的存在。江西官山的保护历史由来已久，从明万历四年（1576年）开始至清代，官山区域一直受官府封禁。新中国成立后，官山区域改为宜丰县国有林场，虽经历了采伐和造林较多的特殊时期，但其核心区域很少受到大的破坏。

南昌大学的杨柏云教授团队对官山保护区的野生兰科植物多样性进行了长达15年之久的调查和研究，记录到26属54个物种，包括地生兰34种、附生兰18种、腐生兰2种，各占总数的63.0%、33.3%、3.7%。兰科植物生活型的比例充分反映了该区域亚热带中部偏北的气候条件。更为特殊的是，区内山地的最高海拔为1480m，并且海拔超过1000m以上的区域仅占28.5%，整体上官山保护区属于中低山地。也就是说官山保护区兰科植物多样性在相当程度上反映了我国亚热带地区中低海拔地区的兰科植物多样性特征。众所周知，我国亚热带中低海拔地区由于人类活动的长期干扰，现存的生物多样性和生态系统严重偏离了原生性质。从这个角度来看，官山兰科植物多样性是尤为珍贵的。

一般来说，生物个体及其个体所携带的遗传物质是人们可以感知或检测到的实体。个体或个体所携带的遗传物质，按照生态学和进化生物学原理和原则，在不同空间和时间尺度上集合就可以形成物种、种群、群落和生态系统等人类无法具象感知的抽象概念。而生态学和进化生物学原理和原则就是个体或个体所携带的遗传物质与物种、种群、群落和生态系统等抽象概念之间的纽带。作为严重依赖传粉动物和共生微生物才能生存的兰科植物，其个体要以什么样的生态学和进化生物学原理和原则来集合成为物种和种群，进而在更大尺度集合成群落和生态系统，这是一个挑战性非常高的未知领域。尤其在受到人类活动长期强烈干扰的亚热带中低山地区，更是如此。杨柏云教授团队利用官山独特的区域优势，对探讨兰科植物个体集合生态学原理和原则开展了难能可贵的尝试性工作。他们这种敢于挑战、敢于创新的勇气值得钦佩！当然，这也注定使他们团队的相关工作成果很难得到专家共识并得以正式发表。因此，以专著形式来发表这些探索性成果就成为唯一选择。我相信，该书不是有关官山兰科植物研究成果的最后一本专著，今后一定有更多的兰科植物研究成果专著陆续出版。让我们拭目以待！

罗毅波

2024 年 9 月 26 日于北京香山

前 言
Preface

官山保护区位于赣西北九岭山脉西段，地跨宜丰、铜鼓两县，东毗鄱阳湖，南接罗霄山脉，西临洞庭湖，北邻幕阜山，地处鄱阳湖、洞庭湖和江汉三大平原之间的中心地段。保护区地理坐标为东经 114°29′~114°45′、北纬 28°30′~28°40′，总面积 11500.5hm^2，是专为保护野生动物及其生态环境而设立的珍贵区域。其核心保护对象涵盖了诸如白颈长尾雉、黄腹角雉、白鹇、猕猴、南方红豆杉、伯乐树、穗花杉等珍稀动植物。

官山的名称及其悠久的保护历史，承载着深厚的文化底蕴与自然情怀。其原名黄岗山，自明万历四年 (1576 年) 起，直至清代末年，这片土地始终受官府封禁，因此得名"官府封禁之山"，并逐渐在民间演化为"官山"这一广为人知的称谓。新中国成立后，官山地区被划归为宜丰县国有林场的重要组成部分，尽管历经了特殊历史时期的洗礼，面临着采伐与造林活动的双重挑战，但其核心区域凭借卓越的自然屏障与严格的保护机制，奇迹般地免遭严重的人为破坏，保持了其原始生态的纯净与完整。1976 年，"宜春地区官山天然林保护区"正式成立，标志着对这片宝贵自然资源的保护进入了一个崭新的阶段。1981 年 3 月，经江西省政府批准成立了官山省级自然保护区，其保护范围初步划定为 2200hm^2，是江西省内较早一批设立的自然保护区。2007 年 4 月，经国务院批准，官山保护区晋升为国家级自然保护区，保护面积扩大至 11500.5hm^2。

官山保护区保存有中国典型的中亚热带常绿阔叶林生态系统，森林覆盖率达 98.6%，生物多样性极为丰富，是备受国内外科学家关注的地方，成为赣西北的一座绿色宝库。兰科植物是被子植物中高度进化的类群之一，具有重要的药用价值和生态价值，是生物多样性保护的重要对象。官山拥有得天独厚的自然条件，为兰科植物的生长提供了良好的环境，是江西省兰科植物资源最为丰富的地区之一。在 1985 年完成的《官山自然保护区植物名录》中，记载官山保护区有高等植物169科580属1174种，种子植物147科544属1128种，其中兰科植物13属24种。2005年，由刘信中和吴和平主编的《江西官山自然保护区科学考察与研究》一书中，记载有被子植物197科785属1915种，其中兰科植物21属40种。

自2008年开始，南昌大学兰花团队（以下简称"团队"）就对官山兰科植物开展了长期调查和研究，我们先后完成了国家林业和草原局的"江西省野生兰科植物资源调查"、江西省林业局的"江西省野生兰科植物资源专项补充调查"、官山国家级自然保护区管理局的"官山野生兰科植物本底调查"等。通过上述调查，我们完整记录了官山野生兰科植物分布情况，做到客观真实地反映官山的野生兰科植物资源。目前，官山保护区共有野生兰科植物26属54种，其中地生兰34种、附生兰18种、腐生兰2种，各占总数的63.0%、33.3%、3.7%。

另外，团队在官山东河保护站附近建成了江西首个规模最大、种类和个体数量最多的回归示范基地——官山保护区兰花谷，近几年在兰花谷开展了大量的兰科植物野外回归工作。2021年12月，团队完成了官山国家级自然保护区管理局的"官山大黄花虾脊兰野外回归"项目。从2020年10月开始，分11批次，一共回归了近5000株大黄花虾脊兰，成活率达86%。2022年4月，有12株回归苗在官山首次开花，自然结实率为9.98%。2024年4月，大黄花虾脊兰已经连续三年在官山开花结实，标志着该物种的野外回归取得了阶段性的成功。2023年12月，团队完成了"官山地区兰科植物野外回归及种群动态监测"项目，成功回归了大黄花虾脊兰、长距虾脊兰、铁皮石斛、流苏贝母兰、春兰、蕙兰、峨眉春蕙、建兰、寒兰、兔耳兰、多花兰、斑叶兰、小小斑叶兰、见血青、台湾金线莲、钩距虾脊兰等种类。同年，团队在江西省宜丰县成功召开了"江西官山国家级自然保护区兰科植物野外回归基地成果发布及兰科植物保育研讨会"，邀请了国内著名兰科植物专家参会，就野生兰科植物保育和回归做专题报告。

本书是基于南昌大学兰花团队在江西省官山地区深入开展的调查与科学研究工作编纂而成，它标志着编著团队近年来对官山兰科植物探索与研究成果的一个阶段性汇总与呈现。本书阐述了官山兰科植物在多样性、保护策略、传粉生物学机制及保育回归实践等多方面的丰富内容，并提供了官山野生兰科植物图谱，其中绝大部分植物照片由编著者所拍摄，少数由罗毅波、金效华、田怀珍、张忠、陈炳华等业内专家提供。在本书的编纂历程中，还有幸获得了众多专家学者的指导和鼎力支持，特别是福建农林大学的兰思仁教授与刘仲健教授，以及上海辰山植物园的黄卫昌教授级高级工程师。在此，我们向所有给予帮助与支持的专家学者表达最诚挚的谢意。由于编写水平和时间有限，难免会有不足之处，欢迎读者不吝赐教。

编著者

2024 年 9 月

目 录
Contents

序

前 言

第1篇 官山保护区野生兰科植物资源 ... 1

第1章 官山自然资源概况 ... 2

1.1 地理地貌 ... 2

1.2 水文条件 ... 3

1.3 气　候 ... 3

1.4 土　壤 ... 3

1.5 保护类型 ... 4

1.6 生物多样性 ... 4

第2章 官山兰科植物多样性及其分布格局 ... 5

2.1 研究方法 ... 6

2.2 研究结果 ... 8

2.3 结论与讨论 ... 12

第3章 官山兰科植物保护策略 ... 14

3.1 致危因素 ... 14

3.2 保护策略 ... 15

3.3 结　论 ... 17

第 2 篇　官山保护区兰科植物传粉生物学与回归保育 ... 19

第 4 章　概　述 ... 20
4.1　研究地的自然状况 ... 21
4.2　伴生植物及同期开花植物 ... 22

第 5 章　多花兰传粉生物学研究 ... 24
5.1　技术路线 ... 25
5.2　研究地概况 ... 26
5.3　花形态与开花物候 ... 26
5.4　繁育系统实验 ... 26
5.5　访花昆虫、传粉昆虫及其行为 ... 28
5.6　颜色与气味对昆虫吸引的行为学实验 ... 31
5.7　花的挥发性成分 ... 32
5.8　多花兰传粉机制 ... 34

第 6 章　钩距虾脊兰传粉生物学研究 ... 35
6.1　开花生物学特性 ... 35
6.2　花的挥发性气味 ... 38
6.3　访花昆虫和传粉昆虫及其行为 ... 40
6.4　繁育系统 ... 42

第 7 章　蕙兰繁殖生物学的研究 ... 45
7.1　技术路线 ... 45
7.2　传粉生物学 ... 46
7.3　种子无菌播种 ... 56
7.4　花芽分化解剖学观察 ... 63

第8章 大黄花虾脊兰的回归与保育 ... 68

8.1 概 况 ... 68
8.2 研究内容与意义 ... 69
8.3 技术路线 ... 69
8.4 无菌和共生培养研究 ... 70
8.5 组培苗温室移栽 ... 76
8.6 组培苗野外回归 ... 80
8.7 回归种苗根系微生物多样性研究 ... 82
8.8 影响大黄花虾脊兰回归苗生长的环境因子研究 ... 89
8.9 保育策略 ... 98

第9章 几种兰属植物的回归保育 ... 100

9.1 兰属植物与中国的文化自信 ... 100
9.2 兰花野生资源濒临灭绝 ... 100
9.3 植物野外回归已成为珍稀濒危植物保护的有力手段 ... 101
9.4 兰属植物野外回归的目的与意义 ... 101
9.5 回归技术路线 ... 102
9.6 兰属植物野外回归 ... 102
9.7 种群动态监测 ... 104
9.8 兰花谷建设取得的成效 ... 107
9.9 兰属植物回归群落的管理建议 ... 108

第3篇 官山保护区野生兰科植物种类 ... 111

参考文献 ... 166

附 表 ... 175

附表1 官山保护区野生兰科植物名录 ... 175
附表2 官山兰花谷伴生植物名录 ... 179

索 引 ... 186

中文名索引 ... 186
学名索引 ... 187

第1篇

官山保护区野生兰科植物资源

本篇介绍了官山保护区的资源概况,包括地理地貌、水文、气候、土壤和动植物资源等;同时基于前期大量的实地调查数据重点探讨了官山兰科植物多样性及其分布格局;最后总结了官山兰科植物野外调查、科学研究、野外回归、保护区管理和环境检测的"五位一体"保护策略。

第 1 章　官山自然资源概况

1.1　地理地貌

1.1.1　地理位置

官山保护区坐落于赣西北九岭山脉西段的南北坡，横跨宜春市的宜丰和铜鼓两县。保护区地理位置独特，东邻鄱阳湖，南接罗霄山，西靠洞庭湖，北连幕阜山，正处于鄱阳湖、洞庭湖以及江汉三大平原的中心区域。此外，官山保护区还是鄱阳湖流域五大河流之一的修河以及赣江主要支流锦江水系的重要发源地。其精确的地理坐标为东经 114°29′~114°45′、北纬 28°30′~28°40′。这里生物多样性丰富，生态环境优良，是众多珍稀动植物的栖息地，具有重要的生态保护和科学研究价值。

1.1.2　保护区成立及保护面积

官山保护区始建于 1975 年，1981 年经江西省人民政府批准，成为江西省最早成立的 6 个省级自然保护区之一，实行省级省管。2007 年 4 月，经国务院批准，该保护区晋升为国家级自然保护区。保护区总面积达 11500.5 hm^2，其中核心区面积为 3621.1 hm^2，占总面积的 31.5%；缓冲区面积为 1466.4 hm^2，占总面积的 12.7%；实验区面积为 6413.0 hm^2，占总面积的 55.8%。这一广袤的保护区不仅为众多珍稀动植物提供了栖息地，也成为了生态科研和环境保护的重要基地，对于维护区域生态平衡和促进可持续发展具有重要意义。

1.1.3　地形地貌

官山保护区总体上呈现出中山山地的地貌特征，其中海拔 500m 以下的区域占总面积的 11.3%，而海拔超过 1000m 的区域则占 28.5%。区内的最高峰为麻姑尖，海拔达到 1480m，而最低处的海拔则为 200m。整体上，官山保护区处于流域地貌的壮年期发育阶段，其结构复杂，水系与沟谷系统发育充分且相对稳定。坡面已从流域发育初期的陡峭深切型转变为较为稳定的坡顶—坡肩—坡面—坡脚—谷地平缓连接型。在官山保护区内，坡度约为30°的地区面积最大，坡度对应的面积分布基本呈正态分布的特点。

1.2　水文条件

官山保护区森林覆盖率极高，水源涵养丰富，地表水系发育完善。区内的大小河流呈现出树枝状、扇形或梳状的分布特点，这些河流均为内源水系，无外来水流汇入。主要河流包括东河、西河、青洞河和龙门河等，同时，以吊洞瀑布和龙门瀑布为代表的多处瀑布构成了保护区内的瀑布群。北坡的水流最终汇入铜鼓县的定江河，成为江西五大河流之一修水水系的一部分；而南坡的水流则汇入宜丰县的长塍河和耶溪河，这两条河流均属于赣江的一级支流锦江水系。保护区内的水质纯净无污染，水体清澈透明，达到了地面 I 级水的标准。然而，由于保护区内深切陡峻的中山地貌特点，容易形成地表径流，这不利于水的储存，因此地下水相对较为贫乏。据相关计算，保护区的地下水平均总储量为 0.97 亿 m^3，而河川径流总量为 1.307 亿 m^3/年，其中地表水径流量为 1.268 亿 m^3/年，地下水径流量仅为 0.039 亿 m^3/年。

1.3　气　候

官山保护区坐落于中亚热带温暖湿润的气候区域，这里四季分明，光照条件充足，且无霜期较长，小气候特征尤为明显。夏季并不酷热，冬季也无严寒，雨热基本上集中在同一季节，这种气候条件对各类植物的生长极为有利。区内的气候类型丰富多样，且随着海拔的变化而呈现出极大的差异。以东河保护站为例（海拔440m），其年均气温为16.2℃，7月平均气温为26.1℃，而1月平均气温则为4.5℃。相比之下，位于更高海拔的麻姑尖（海拔1480m）的相应气温则分别为11.0℃、21.0℃和0.9℃。此外，保护区的降水量也十分丰沛，是江西省西部的多雨中心，年平均降水量在1950~2100mm之间，其中东河保护站的年平均降水量为1975mm。另据1954—1999年的观测资料计算，区内的多年平均降水量达到了2009.3mm。

1.4　土　壤

官山保护区的森林土壤随海拔的变化而呈现出明显的分带现象，大体上可分为山地红壤、山地黄红壤、山地黄壤、山地黄棕壤和山地草甸土等五种类型。这些土壤类型在水平和垂直方向上的分布规律十分显著，充分展现了九岭山脉的土壤特性，具有较高的代表性。

1.5 保护类型

根据中华人民共和国国家标准《自然保护区类型与级别划分原则》（GB/T 14529—1993），官山保护区属于"野生生物类型"中的"野生动物类型"国家级自然保护区。

1.6 生物多样性

官山保护区位于中亚热带地区，这里不仅栖息和分布着数量众多、种群庞大的雉科鸟类以及野生猕猴等丰富的动物资源，而且还保存着大面积的原生常绿阔叶落叶混交林及其珍稀植物群落，生物多样性极为丰富。经过详细的调查和研究，官山保护区已查明的高等植物共有2679种。其中，被子植物涵盖了158科824属2148种，裸子植物有6科13属19种，蕨类植物包括26科71属224种，苔藓植物则有72科139属288种。此外，已鉴定的大型真菌有77科163属297种，其中4种为中国新记录。在国家保护植物方面，官山保护区拥有南方红豆杉、银杏、霍山石斛3种国家一级重点保护野生植物，以及长柄双花木、伞花木、花榈木、毛红椿、香果树等59种国家二级重点保护野生植物。在动物资源方面，保护区内已查明的脊椎动物共有35目122科371种。其中，哺乳类动物有8目22科35属39种，鸟类有18目61科141属201种，爬行类动物有2目20科47属67种，两栖类动物有2目9科25属34种，鱼类则有5目10科24属30种。此外，保护区内还查明了14科19属27种软体动物和1894种昆虫。在野生动物保护方面，官山保护区拥有白颈长尾雉、黄腹角雉、云豹和豹等9种国家一级重点保护野生动物，以及白鹇、勺鸡、猕猴等51种国家二级重点保护野生动物。

撰稿：易伶俐，官山国家级自然保护区管理局

第 2 章 官山兰科植物多样性及其分布格局

生物多样性（biodiversity）这一概念涵盖了生物（包括动物、植物、微生物等）与其所处环境共同构成的生态复合体，以及与此紧密相关的各种生态过程的总和。然而，由于气候变化和人类活动的不断干扰，导致生境破碎和环境污染问题日益严重，全球生物多样性正面临着前所未有的锐减挑战（Cardinale et al., 2012）。为了有效应对这一挑战，建立自然保护地被视为保护生物多样性的核心措施之一。值得注意的是，自然保护地内的生物多样性并非一成不变，它会随着气候变化、人为活动的干扰以及生态系统的自身演替等因素，在时间和空间上呈现动态的变化。因此，通过在自然保护地内进行长期的野外监测，获取科学且连续的数据，以准确反映其生物多样性的变化趋势，这一直是各国学者密切关注的热点问题（王伟 等，2022）。

在自然生态系统中，植物群落作为生态系统的主体和物质基础，其多样性保护对于整个生物多样性的维护具有至关重要的作用。实际上，植物多样性的保护是其他生物多样性保护的前提和基础（Yao et al., 2022）。为了更直观地反映区域群落的状态，研究植物物种多样性的地理分布格局成为一种有效的方式。目前，关于植物物种多样性的研究主要集中在以下几个方面：一是探讨海拔、坡度、坡向等环境因子如何影响植物物种的多样性；二是分析群落演替或退化程度与物种多样性之间的内在联系。

在植物群落多样性的研究中，通常采用两种方法（汪殿蓓 等，2001）。第一种方法是运用各种多样性指数来定量描述群落的多样性变化；第二种方法则是采用种—多度模型来拟合分析群落的种—多度分布格局，从而更深入地理解群落的组成和结构。而要进行这些研究，首先需要对植物区系的物种组成、分布范围以及它们之间的系统发生关系进行详细的调查，这是研究其多样性格局的前提与基础（赵雨杰 等，2023）。

兰科植物（Orchidaceae）作为被子植物中的一个高度进化的类群，目前全球范围内共有野生兰科植物 742 属 31095 种，这一数字约占被子植物总种数的十分之一。然而，在近年来生物多样性不断丧失的大背景下，兰科植物因其独特的生物学特性、原生境的破碎与退化，以及人类对具有高观赏价值和药用价值品种的过度开采，导致其种类急剧减少，成为全球范围内的濒危物种。为此，《野生动植物濒危物种国际贸易公约》

已将全球所有的野生兰科植物类群纳入保护范围,使其成为植物保护领域中的"旗舰"类群(黄暖爱 等,2007)。

2021年新版《国家重点保护野生植物名录》(唐凌凌 等,2022)的发布,将349种兰科植物纳入其中,标志着我国兰科植物保护工作开启了新的篇章。由于兰科植物对生境条件要求严格且对环境变化敏感,因此它们常被作为生态系统健康状况的重要指示指标。兰科植物的丰富程度在一定程度上能够反映当地的生物多样性状况,所以,通过对兰科植物的调查,可以评估一些地区的生物多样性丰富度和保护现状(金效华 等,2011)。

官山保护区坐落于中亚热带北沿,是华东、华中、华南三大植物区系的交会之地,这里植被类型复杂多样,物种极为丰富。同时,官山也是植物南下北上的理想"侨居地",许多热带植物通过官山得以继续向北拓展,而杜鹃(*Rhododendron simsii*)、锥栗(*Castanea henryi*)、鹅耳枥(*Carpinus turczaninowii*)等温带植物也通过官山向南方"渗透"。这种独特的地理位置使得官山的植物区系呈现出热带和温带植物混杂的显著特征(刘信中,2005)。在保护区内所有种子植物的785个属中,共有334个属是热带属,占比高达42.55%。官山保护区保存了中亚热带北部具有代表性的森林生态系统,生物多样性极高,因此被誉为鄱阳湖平原、江汉平原和洞庭湖平原三大平原之间的"生态孤岛"。从高海拔到低海拔,保护区的植被类型依次为:山顶灌草丛和中山矮林(1100~1480m)、落叶阔叶和针叶混交林(800~1100m)、常绿和落叶阔叶混交林(400~800m)以及常绿阔叶林(200~400m)(卢尧舜,2023)。

本项研究结合课题组多年的实地考察及文献资料等公开数据,对官山保护区内的兰科植物进行多样性分析,旨在摸清官山兰科植物的分布及影响其分布格局的环境因子。这对官山植物多样性保护具有重要意义,也能为中国其他地区植物多样性保护提供参考。

2.1 研究方法

2.1.1 研究区域

官山保护区位于赣西北九岭山脉西段南北坡,地跨宜丰、铜鼓两县境内交界,主峰麻姑尖海拔1480m,总面积11500.5hm^2,其中核心区3621.1hm^2,缓冲区1466.4hm^2,实验区6413.0hm^2(龚席荣 等,2017)。

2.1.2 调查方法

2021—2024年，我们采用样线调查法和实测法，同时结合无人机摄影技术以及兰科植物调查APP软件的应用对官山保护区开展兰科植物调查。调查路线基本涵盖官山保护区全境重点区域。通过调查数据整合、照片拍摄以及标本比对分析，并根据以往江西省兰科植物调查相关论文、植物智网站以及《国家重点保护野生植物名录》和《中国物种红色名录》等资料（覃海宁 等，2017），对该地区兰科植物的分布物种及濒危状况进行统计、评估。

样线设置方法：在兰科植物适宜生境设置样线；样线长度为一个工作日内能完成的最大长度，观察范围为行进路线两侧10m；尽量利用已有的保护区监测巡护线路。样方设置方法：在每条样线上选择合适的区域设置多个小样方，样方大小为5m×5m，用唯一的编号对每个样方进行标记，记录样方的GPS信息，样方之间的距离不少于10m；每个样方选定时，必须有兰科植物，样方的设计尽量覆盖调查记载的兰科植物种类；样方调查的内容包括兰科植物种类、数量、开花和结果植株比例、植被类型、海拔、坡向、土壤类型、干扰因素等。

2.1.3 物种丰富度及海拔梯度格局

物种多样性的分布格局是由多种环境因素共同决定的，而海拔包含了多种环境因子的梯度效应，因此海拔也被认为是影响物种多样性格局的决定性因素之一（谈玲玲，2023）。对调查收集到的野外兰科植物种类、地理坐标以及海拔分布等信息进行整理。将各样方的地理位置坐标通过ArcGIS10.8覆盖至划定的官山保护区区域内，以样方在区域的分散程度反映官山区域内兰科植物的丰富程度。该地区海拔范围200~1364m，整体海拔高差达到900m，依据不同海拔的实际情况，以高差100m为一个梯度，将其划分为7个海拔梯度：<200m、200~300m、300~400m、400~500m、500~600m、600~700m、700~1200m。对不同海拔梯度内样方分布数量占比以及不同海拔梯度内兰科植物的物种数进行统计分析。

2.1.4 区系分析及比较

根据吴征镒关于中国种子植物属的分布区类型划分的方法和原则对保护区内的兰科植物进行区系成分分析（吴征镒 等，2006）。收集江西省及相近纬度其他省份共10个国家级自然保护区内兰科植物分布情况。其中选取了江西省内除官山保护区外的7个自然保护区：九连山（JLS）（刘飞虎，2021），井冈山（JGS）（林英，1990），马头山（MTS）（刘飞虎，2021），武夷山（WYS）（刘信中 等，2001），齐云山（QYS）（刘小明 等，2010），九岭山（JLGS）（李振基，2009），三清山（SQS）

（臧敏，2010）。还选取与江西省在纬度范围较为接近的 3 个省份内的自然保护区：福建省的戴云山保护区（DYS）（程志全，2015）、湖南省的莽山保护区（MS）（刘文剑，2022）、贵州省的梵净山保护区（FJS）（张玉武 等，2009）。通过对比官山保护区（GS）与这 10 个保护区之间野生兰科植物属层面上物种相似性，并使用 FD 包中的 hclust( ) 函数进行聚类分析，得到官山保护区与其他保护区兰科植物种间相似性矩阵。

2.2 研究结果

2.2.1 官山兰科植物调查结果

2021—2024 年，我们累计开展调查 18 次，共计 48 个工作日，参与人数多达 64 人，基本每月都进行了调查，共于 43 个地点设置样线，完成 244 个样方，主要调查了东河保护站、西河保护站、龙门保护站 3 个区域及其他区域，基本涵盖了官山保护区全境重点区域。

在官山保护区内共实地调查到野生兰科植物 26 属 54 种，其中地生兰 34 种，附生兰 18 种，腐生兰 2 种，各占总数的 63.0%、33.3%、3.7%，名录详见附表 1。其中种类较为丰富的属有兰属（*Cymbidium*）、虾脊兰属（*Calanthe*）、石斛属（*Dendrobium*）、羊耳蒜属（*Liparis*）、石豆兰属（*Bulbophyllum*），各属占比见表 2-1。

调查到的野生兰科植物中属于国家一级重点保护野生植物的有 1 种，为霍山石斛（*Dendrobium huoshanense*）；属于国家二级重点保护野生植物的有 15 种，为金线兰（*Anoectochilus roxburghii*）、浙江金线兰（*A. zhejiangensis*）、白及（*Bletilla striata*）、建兰（*Cymbidium ensifolium*）、蕙兰（*C. faberi*）、多花兰（*C. floribundum*）、春兰（*C. goeringii*）、寒兰（*C. kanran*）、峨眉春蕙（*C. omeiense*）、重唇石斛（*D. hercoglossum*）、罗氏石斛（*D. luoi*）、细茎石斛（*D. moniliform*）、铁皮石斛（*D. officinale*）、天麻（*Gastrodia elata*）、台湾独蒜兰（*Pleione formosana*）。在调查到的兰科植物中，罗氏石斛、宁波石豆兰（*Bulbophyllum ningboense*）同时为江西省兰科植物新记录种，其中罗氏石斛为 2016 年发表的新种（邓小祥 等，2016）。宁波石豆兰为 2014 年发表的新种（林海伦 等，2014），相关研究资料匮乏。

表 2-1 官山兰科植物最大的 5 个属的多样性情况

属　名	种　数	占比（%）
兰属（*Cymbidium*）	6	11.1
虾脊兰属（*Calanthe*）	6	11.1
石斛属（*Dendrobium*）	5	9.3
羊耳蒜属（*Liparis*）	4	7.4
石豆兰属（*Bulbophyllum*）	3	5.6

2.2.2　官山兰科物种丰富度及海拔梯度格局

各海拔梯度的样方占比情况如图 2-1 所示，官山兰科植物主要集中分布于海拔 300~600m 之间，海拔较低（0~200m）以及海拔较高（600~1000m）的区域兰科植物分布较少，其中海拔 0~200m 兰科植物样方分布占总样方比例为 0%，200~300m 为 18.4%，300~400m 为 31.6%，400~500m 为 19.7%，500~600m 为 24.3%，600~700m 为 3.9%，700~1000 为 2.1%。

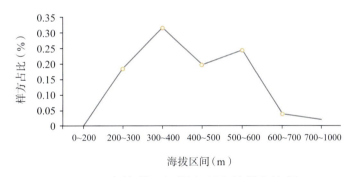

图 2-1　各海拔区间样方所占总样方比例

我们对官山各海拔区间的兰科植物物种数量统计发现，物种数量随海拔梯度的上升呈现先增加后减少的趋势，如图 2-2 所示。在海拔 0~600m 之间，随着海拔梯度的上升，其兰科植物物种越丰富，其中 400~500m 发现有 26 种兰科植物，占总种数的 48.1%，500~600m 发现有 28 种兰科植物，占总种数的 51.9%；在海拔 600~1000m 之间，随着海拔梯度的继续上升，其兰科植物物种数量下降。

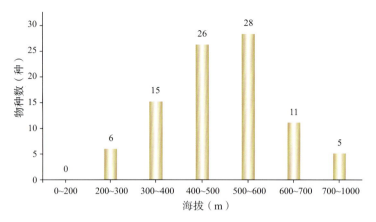

图 2-2　各海拔区间兰科植物物种数

2.2.3　区系分析及比较结果

2.2.3.1　兰科植物属的区系地理成分

官山地区兰科植物 18 属可划分为 6 个分布区类型和 1 个变型，见表 2-2，其中世界分布有 1 属，泛热带分布有 2 属，热带亚洲至热带大洋洲分布有 4 属，热带亚

表 2-2　官山自然保护区兰科植物属的分布区类型

分布区类型	属	属数	占总属数的比例（%）
1. 世界分布	羊耳蒜属（*Liparis*）	1	5.6
2. 泛热带分布	石豆兰属（*Bulbophyllum*）、虾脊兰属（*Calanthe*）	2	11.1
5. 热带亚洲至热带大洋洲分布	兰属（*Cymbidium*）、开唇兰属（*Anoectochilus*）、石仙桃属（*Pholidota*）、蝴蝶兰属（*Phalaenopsis*）	4	22.2
7. 热带亚洲分布	石斛属（*Dendrobium*）、斑叶兰属（*Goodyera*）、带唇兰属（*Tainia*）、厚唇兰属（*Epigeneium*）、隔距兰属（*Cleisostoma*）	5	27.8
7-2. 热带印度至华南	独蒜兰属（*Pleione*）	1	5.6
8. 北温带分布	头蕊兰属（*Cephalanthera*）、舌唇兰属（*Platanthera*）、绶草属（*Spiranthes*）	3	16.7
14. 东亚分布	小红门兰属（*Ponerorchis*）、白及属（*Bletill*）	2	11.1

洲分布有 5 属，热带印度至华南有 1 属，北温带分布有 3 属，东亚分布有 2 属。保护区内兰科植物以热带、亚热带成分占明显优势，并受到温带成分的影响，并夹杂着世界分布成分。其中热带分布属（2~7 型）共 11 属，占本地区总属数的 46.2%，主要有石豆兰属（*Bulbophyllum*）、石斛属（*Dendrobium*）、虾脊兰属（*Calanthe*）、兰属（*Cymbidium*）等类群；温带分布属（8~14 型）共 3 属，占本地区总属数 11.5%，主要为舌唇兰属（*Platanthera*）、绶草属（*Spiranthes*）等兰科植物类群。

2.2.3.3.2　与其他保护区兰科植物种间相似性比较

根据各保护区兰科植物种间相似性结果显示保护区，官山保护区与周围 10 个保护区的属相似性在 0.380~0.606 之间，其中与九岭山（JLGS）属相似性最高，与戴云山保护区（DYS）属相似性最低，见表 2-3。其中官山保护区（GS）同井冈山（JGS）兰科植物属相似性达 0.555，与九连山（JLS）属相似性达 0.4，与马头山（MTS）属相似性达 0.461，与武夷山（WYS）属相似性达 0.434，与齐云山（QYS）属相似性达 0.465，与九岭山属相似性达 0.606，与三清山（SQS）属相似性达 0.468，与福建的戴云山保护区属相似性达 0.38，与湖南的莽山保护区（MS）属相似性达 0.522，与贵州的梵净山保护区（FJS）属相似性达 0.477。

根据聚类分析结果显示，官山保护区与九岭山保护区聚为一类，再与梵净山保护区以及武夷山国家公园（江西片区）聚为一类，如图 2-3 所示。官山保护区与其他保护区兰科植物分布格局的相似程度差异可能是由地理位置、气候类型、地形特征等因素共同决定的。

表 2-3　官山保护区同其他保护区属相似性比较

保护区名称	JGS	JLS	MTS	WYS	QYS	JLGS	SQS	DYS	MS	FJS	GS
JGS	1	0.563	0.489	0.547	0.645	0.533	0.4	0.510	0.627	0.557	0.555
JLS	0.563	1	0.431	0.464	0.549	0.408	0.340	0.510	0.509	0.421	0.4
MTS	0.489	0.431	1	0.533	0.609	0.555	0.515	0.525	0.521	0.387	0.461
WYS	0.547	0.464	0.533	1	0.470	0.511	0.475	0.372	0.549	0.480	0.434
QYS	0.645	0.549	0.6097	0.470	1	0.55	0.435	0.558	0.652	0.510	0.465
JLGS	0.533	0.408	0.5555	0.511	0.55	1	0.586	0.425	0.5	0.488	0.606
SQS	0.4	0.340	0.515	0.475	0.435	0.586	1	0.342	0.395	0.45	0.468
DYS	0.510	0.510	0.525	0.372	0.55	0.425	0.342	1	0.510	0.352	0.380
MS	0.627	0.509	0.521	0.54	0.652	0.5	0.395	0.510	1	0.62	0.522
FJS	0.557	0.421	0.387	0.480	0.510	0.488	0.45	0.352	0.625	1	0.477
GS	0.555	0.4	0.461	0.434	0.465	0.606	0.468	0.380	0.522	0.477	1

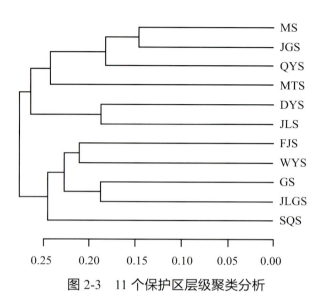

图 2-3　11 个保护区层级聚类分析

2.3　结论与讨论

从调查结果来看，官山蕴藏有丰富的兰科植物资源，包含地生、附生、腐生 3 种生活型，以地生兰、附生兰为主。其中以石斛属（*Dendrobium*）、虾脊兰属（*Calanthe*）、石豆兰属（*Bulbophyllum*）、兰属（*Cymbidium*）、羊耳蒜属（*Liparis*）、斑叶兰属（*Goodvera*）等兰科植物类群为重要组成部分。在 54 种兰科植物中，有极度稀少以及受国家重点保护的兰科植物，如霍山石斛、罗氏石斛、重唇石斛、宁波石豆兰等，可见官山是许多珍稀濒危野生兰科物种聚集地之一。

官山兰科植物地理分布整体呈现既集中又分散的局势，在西南部较为集中，而在北部较为分散，并且在靠近官山的临界区域，也有较多的兰科植物分布。这可能与兰科植物生长习性相关，兰科植物大多喜欢生长在空气湿度大、气温相对稳定温和的区域，在官山中部及南部区域，水系发达，沟谷纵横，植被茂盛，空气湿度大，是众多兰科物种生长繁衍的理想栖息地。在北部靠近铜鼓县区域，具有独特的丹霞地貌地形，附生兰植物种类众多，其具有一定湿度的大石壁以及较强的光照强度为石豆兰属以及石斛属等附生植物提供有利条件（Kress, 1986）。

对于兰科植物垂直水平分布情况，整体而言，其兰科植物物种数量以及兰科植物分布点随海拔梯度的上升呈现先增加后减少的趋势，约 80% 的兰科植物分布于海拔 300~700m 之间，海拔是影响官山兰科植物分布格局的重要因素之一。这可能与官山各海拔梯度地形有关，整体而言，官山主要为低山山地、中山山地、沟谷等地形，从高海拔到低海拔，其水量呈现增多发散的趋势，许多大型沟谷也主要分布 600m 以下的低海拔区域，而在高海拔区域，地形以山地阔叶林为主，沟谷较小，再到山顶如石花尖以及最高峰麻姑尖等地，其植被主要为灌木类植物，不利于兰科植物的生长繁殖。

在官山分布的兰科植物属中以热带亚洲分布和热带亚洲至热带大洋洲分布为主，而像东亚分布和北美间断分布这样的较小范围间断分布属较少。官山区系组成成分中占比较多的为 5 型和 7 型，即热带亚洲至热带大洋洲分布与热带亚洲分布，分别为 22.2% 和 27.8%，这同中国种子植物区系起源分化以及气候条件密切相关（冯建孟 等，2009）。官山乃至中国东南地区，皆属东南丘陵一带，大部分为海拔 1000m 以下的低山，以亚热带季风气候为主，也常受到热带季风气候的影响，雨热同期，成为官山植物区系组成的关键。同时，我们在官山保护区同其他保护区进行属组成相似性分析中发现，官山保护区与九岭山保护区兰科植物属水平相似度最高，达 0.6，这与其地理位置、山脉类型、气候类型、纬度差异性有关，官山保护区同九岭山保护区同属九岭山脉，距离最近，其地理、气候类型气候、植物类型演化及季节变化上有一定的相似性，包括温度、降水、土壤和光照等因素（覃俏梅 等，2021）。在与官山纬度相差较小的武夷山、马头山、莽山、三清山区域，其兰科植物属层面上也有一定的相似性，但由于地理位置隔离，其兰科植物种类群有着一定的差异性（郭子良 等，2013）；而与官山纬度相差较大的九连山、地理位置较远的戴云山，其相似性较低。

撰稿：欧阳园兰，官山国家级自然保护区管理局；
梁钟轩、周亚东、杨柏云，南昌大学

第 3 章　官山兰科植物保护策略

3.1　致危因素

兰科植物是被子植物中高度进化的类群之一，具有重要的药用价值和生态价值，是生物多样性保护的重要对象。官山保护区位于江西省西北部，地处亚热带湿润气候区，拥有得天独厚的自然条件，为兰科植物的生长提供了良好的环境，是江西省兰科植物资源最为丰富的地区之一。

在 2021—2024 年期间，南昌大学科研团队对官山兰科植物进行了数十次的大规模野外调查，累计调查到野生兰科植物 26 属 54 种，其中地生兰 34 种、附生兰 18 种、腐生兰 2 种，各占总数的 63.0%、33.3%、3.7%。其中种类较为丰富的属有石斛属（*Dendrobium*）、虾脊兰属（*Calanthe*）、石豆兰属（*Bulbophyllum*）和兰属（*Cymbidium*）。在对官山地区兰科植物调查及后续监测后，我们发现官山兰科植物致危因素主要包括干旱、雪灾、山洪、动植物破坏以及人为活动。

（1）持续极端干旱对兰科植物造成了不可估量的破坏。在 2022 年下半年，江西各地遭遇干旱灾害。例如，我们 2021 年 8 月对官山保护区的兰科植物调查发现，附生在树干上的瘤唇卷瓣兰（*Bulbophyllum japonicum*）长势良好，但于 2022 年 10 月同一个地点生长的瘤唇卷瓣兰完全枯萎。

（2）雪灾对兰科植物造成了巨大影响：一是由于雪灾的机械损伤和随后的冰冻对代谢的损害，大片的树木被拦腰折断，很多野生植物可能被冻死；二是由于土壤结冰严重，土温极低且持续时间长，因此很可能有大量的传粉昆虫也被冻死或窒息死亡；三是在冰雪即将融化之前或融化过程中，植物因生理代谢受损不能恢复而导致损害（曹昀 等，2008）。

（3）在每年的 5~6 月，受强降雨影响，官山地区时常暴发山洪，沟谷的植被被洪水破坏严重，而这些地方正是兰科植物最适宜的栖息地：一方面，洪水破坏了原生植被，大量乔木和灌木倒塌，导致一些附生在树上的附生兰生境破坏；另一方面，洪涝对地生兰也造成大量破坏，主要表现在涝害减少了植物组织与土壤间的气体交换，导致根部区域形成缺氧或厌氧环境（王连荣 等，2022）。

（4）官山野生动物众多。调查发现，在兰科植物周围区域经常发现有野猪、麂子以及野兔等动物活动的踪迹，有时发现虾脊兰属、斑叶兰属等地生兰科植物因野生动物活动植株裸露的情况。

（5）人为过分干扰是兰科植物生存的最大威胁。兰科植物具有很高的药用价值，如石斛属（薛凯 等，2022）和石豆兰属（蒋明 等，2012）。在铜鼓区域丹霞地貌（官山保护区外面）调查发现，由于当地药农的采挖，许多兰科植物的种群正遭到破坏，尤其以附生兰为主，应加强当地对野生兰科植物资源保护力度，增强保护意识。

3.2 保护策略

尽管官山保护区内兰科植物种类丰富，但这些植物对生存条件的要求极为苛刻，一旦其生境遭到破坏，种群数量便会迅速减少。因此，制定科学合理的保护策略对于保护官山兰科植物资源、维护生物多样性具有至关重要的意义。保护官山兰科植物的核心任务在于保护其赖以生存的自然环境。基于前期的深入调查研究，我们针对官山兰科植物的保护，提出了一个综合性的"五位一体"保护策略，如图3-1所示。该策略涵盖了野外调查、科学研究、野外回归、保护区管理以及环境监测等多个方面。

图 3-1　官山兰科植物"五位一体"保护策略

3.2.1 全面开展兰科植物野外调查工作

为了深入了解官山地区兰科植物的分布、种类、数量及生长状况，我们需要持续并全面地开展野外调查工作。这不仅能够为兰科植物的保护提供详实的数据支持，还能帮助我们及时发现并应对可能存在的威胁。2017年，龚席荣等（2017）对官山兰科植物进行了野外调查，共记录了21属40种兰科植物。过后，在2020年发现了小小斑叶兰（*Goodyera pusilla*），2021年又发现了绿花斑叶兰（*Goodyera viridiflora*）和虾脊兰（*Calanthe discolor*），2022 年发现了距虾脊兰（*Calanthe tsoongiana*）。经过我们近年来的全面调查，官山兰科植物的数量增加到了 26 属 54 种，属数增加了 30%，物种数增加了 35%。这些都充分说明我们对该地区兰科植物资源了解得还不够全面，还有大量新记录甚至新种有待发现。在野外调查过程中，要全面考虑调查点覆盖度和调查时期，对一些人迹罕至的区域要加大调查力度和次数。

3.2.2 加强该地区野生兰科植物基础科学研究

兰科植物的保育需要深入科学研究，才能有理论依据和数据支持。制定行之有效的保育措施则要求必须对兰科植物有一个全面深刻的认识，这涉及生物学特性、居群生物学、居群生态学、繁殖生物学等各个学科的综合探究（罗毅波 等，2003）。近年来，南昌大学在官山保护区东河保护站开展了兰科植物野外资源调查、虾脊兰属植物的传粉生物学研究、珍稀濒危兰科植物的保育回归等工作。正因为团队通过野外资源调查和传粉生物学研究，对兰科植物的保育回归工作提供了理论支撑，才有了在国家一级重点保护野生植物大黄花虾脊兰回归保育工作方面取得的巨大突破，目前大黄花虾脊兰已经连续三年在野外开花结果。

3.2.3 开展兰科植物野外回归工作

在自然环境中进行植物回归是通过人为干预手段，将植物引种到其原生长地或其他自然或半自然生态环境中，以建立具备足够遗传资源的新种群，以适应自然环境变化并维持自我更新（Maunde, 1992; Ren et al., 2014）。野外回归是一个漫长而系统化的过程，成功地回归意味着植物能在回归地点成功繁衍后代，增加现有种群规模，种子产量和发育阶段类似于自然种群，种子需要通过当地的传播媒介扩散，进而在回归地点之外形成新的种群，这种方法被视为一种新兴并长期有效的生物多样性保护方式，是联系珍稀濒危植物就地保护和迁地保护的重要桥梁。

具体实施步骤有：①幼苗培育：对于通过无菌播种等方式获得的幼苗，需要在实验室或温室中进行精心培育，确保幼苗在回归前具备足够的生长能力和适应性。②回归种植：在选定的回归地点，按照科学的方法进行种植。这包括选择合适的种植位置、土壤改良、浇水施肥等。同时，还需要注意保护幼苗免受病虫害和人为破坏的威胁。③监测与管理：回归种植后，需要对兰科植物进行长期的监测和管理。这包括观察其生长状况、繁殖情况、病虫害发生情况等，并根据实际情况采取相应的管理措施。例如：对病虫害进行防治，对生长不良的植株进行补救等。

南昌大学科研团队在东河保护站后山小河沟两侧建设了一条长约 750m 的兰花谷，面积约为 2.83hm^2，并在兰花谷进行兰科植物野外回归，涉及的物种有大黄花虾脊兰、春兰、建兰、蕙兰、寒兰、兔耳兰等，迁地保育植株多达 2000 株。目前，兰花谷野外回归的兰科植物长势良好，均能在野外完成生活史，受到了国内外学者的广泛关注。

3.2.4　加强气候和环境因子监测

全面收集每种兰科植物的地理分布和生境信息、种群数量、繁殖系统和种群遗传结构等基础资料，对部分物种的种群动态进行了长期监测，建立信息库，以便对其进行更有效的管理与保护，对每个物种的濒危等级进行科学评价，针对受威胁物种设立保护小区或保护点进行就地保护（周玉飞 等，2022）。通过开展持续性监测受威胁兰科物种，观察并记录兰科物种种群的动态变化和受威胁的情况，从而制定相应的措施和策略。

通过设立专门的气象和环境监测站点，我们持续收集并分析了官山地区的气候和环境数据，特别是针对那些兰科植物分布的关键区域。这些数据帮助我们深入了解了气候变化和环境因子如何影响当地兰科植物的生存状况。同时，我们结合全面的基础资料收集，对官山的兰科植物进行了科学评价，并针对受威胁的物种设立了保护小区，实施了有效的就地保护措施。

3.2.5　加强保护区管理，强化宣传教育，培养技术型人才

通过宣传野生兰科植物保护法律法规和保护名录，尤其是国家林业和草原局和农业农村部最新颁发的 2021 年《国家重点保护野生植物名录（第二批）》，加强群众保护野生兰科植物的意识，做到有法可依，有法必依，禁止野生兰科植物的偷抢偷采和买卖交易。加强人员培训，科学开发利用。

官山保护区加大了人才引进的力度，并积极与高校及科研单位展开合作，鼓励科研人员在省内各个保护区举办兰科植物技术学习讲座，通过这些活动，不仅促进了保护区护林员和民众对野生兰科植物的认识，还极大地提高了专业人员的专业素质和保护意识。我们相信，通过这些综合性的措施，能够更有效地保护和管理官山的野生兰科植物资源，为它们的长期生存和繁衍创造更加有利的条件。

3.3　结　论

官山兰科植物保护是一项综合性的系统工程，它要求政府、科研机构、社会各界以及公众的共同参与和不懈努力。通过实施上述策略，我们可以有效保护并发展兰科植物资源，为生物多样性和生态安全做出积极贡献。在此过程中，政府应发挥主导作用，制定和完善相关法律法规，为兰科植物保护提供坚实的法律保障。同时，政府还需加

大财政投入，支持建立自然保护区、种质资源圃等，以推动兰科植物的就地保护和迁地保护。此外，政府也需加大监管力度，严厉打击非法采挖、贩卖兰科植物等违法行为，从而维护生物多样性和生态平衡。

科研机构则是兰科植物保护的重要技术支撑。通过深入研究兰科植物的生物学特性、生态学规律以及遗传多样性等方面，科研机构可以为保护策略的制定提供科学依据。同时，科研机构还应加强与国内外同行的交流合作，共享研究成果，共同推动兰科植物保护事业的发展。

企业、非政府组织、媒体等社会各界在兰科植物保护中也扮演着重要角色。企业可以通过技术创新和绿色生产，减少对兰科植物资源的依赖，同时开发和推广兰科植物产品，实现经济效益与生态效益的双赢。非政府组织则可以发挥自身优势，开展宣传教育、社区参与等活动，以提高公众对兰科植物保护的认识和参与度。媒体则可以通过报道兰科植物保护的成功案例和先进经验，营造全社会关注和支持兰科植物保护的良好氛围。

公众同样是兰科植物保护的重要力量。通过加强宣传教育，我们可以提高公众对兰科植物保护的认识和意识，引导公众树立正确的生态观和价值观，并积极参与兰科植物保护行动。公众可以通过参与志愿者活动、捐赠资金或物资等方式，为兰科植物保护事业贡献自己的力量。同时，公众还可以通过监督举报等方式，协助政府打击非法采挖、贩卖兰科植物等违法行为。

撰稿：曹锐、熊勇，官山国家级自然保护区管理局；詹清华、周亚东，南昌大学

第 2 篇

官山保护区
兰科植物传粉生物学
与回归保育

  本篇涉及的主要内容有传粉生物学和珍稀濒危兰科植物回归保育两个部分。传粉生物学研究包括多花兰、钩距虾脊兰和蕙兰等物种；珍稀濒危野生兰科植物的回归保育包括国家一级重点保护野生植物大黄花虾脊兰和国家二级重点保护野生植物春兰、蕙兰、建兰、寒兰等物种。由于上述工作都是在官山保护区东河保护站兰花谷内完成的，因此研究地的自然状况、地理位置以及伴生植物都是相同的，同期开花植物也基本相似，故在本篇中增加一章概述，在以后的各章节中相同的内容就不再重复了。

第4章 概 述

　　兰科是被子植物中物种最丰富的两个科之一，也是被子植物中花部最多样化的科。绝大多数兰科植物依赖于动物特别是昆虫介导的传粉才能结籽从而完成有性生殖。兰科植物与传粉昆虫之间的相互作用和选择压力也是兰科植物花部多样性和物种多样性形成的重要驱动力。多数兰科植物受到传粉者的限制，从而影响了兰科植物物种分布范围和种群大小。在兰科植物中，有多达三分之一的物种传粉机制为欺骗性传粉。与有报酬兰科植物相比，欺骗性兰科植物往往具有更低的昆虫访花频率和自然结实率，受到传粉者的限制尤为显著。欺骗性传粉的兰科植物不仅是研究生态和进化生物学问题的理想材料，也是制定兰科植物保护策略时需要重点关注的类群。

　　生物物种灭绝或处于受威胁地位的原因有两大类：内部因素和外部因素。内部因素包括遗传力、生殖力、生活力、适应力的衰竭等，它们是威胁植物生长繁衍导致其稀有濒危的重要原因；大多数珍稀濒危植物或多或少存在生殖障碍，诸如雌雄蕊发育不同步、花粉败育、花粉管不能正常到达胚囊及胚胎败育等。外部因素有自然因素和人为因素两种，自然因素是指地质史上由于陆地的隆起和下沉，冰期和后冰期、干热期的交替等造成的大规模的气候变迁，这种变化往往使许多物种灭绝，部分得以存活的种类也因环境的变化成为稀有种类；人为因素是人类活动所引起的使植物生存受到威胁的灾害，包括过度采伐、采收、放牧、开垦及人为火灾等直接灾害。在各类威胁植物生存的因素中，人类活动无疑是导致植物濒危的主要原因。据调查，99%的现代物种的灭绝可以归咎于人类活动，生境消失和生态系统退化被认为是目前大多数濒危物种的基本威胁。

　　珍稀濒危植物的保护有就地保护（insitu conservation）、迁地保护（exsitu conservation）和回归保育（reintroduction）三种常见的保护方式。目前就地保护的最主要方法是在受保护物种分布的地区建立保护区，有关保护区的建设和管理的理论与方法是就地保护的研究热点，MacArthur等（1963）创立的岛屿生物地理学理论（island biogeography）是保护区建设和管理的理论基础。迁地保护是指将生物多样性组成部分移到他们的自然环境之外进行保护，和就地保护不脱离原来的自然环境有根本区别。回归保育是将濒危植物材料栽种（或播种）于自然或人工管理的生态环境中去，以使其最终成为或强化为可长期成活的、自行维持下去的种群。陈灵芝（1993）认为回归保育被认为是连接就地保护和迁地保护的桥梁，是生态保护的一个重要组成部分。在回归保育中常常要进行整个植物群落与生境的恢复和重建工作，以保护植物多样性和受威胁的物种。由于越来越多的物种正在因生境的退化与丧失而成为濒危物种，回归保育与种群重建的理论与方法正成为保护生物学和恢复生态学的重要研究内容。

4.1　研究地的自然状况

官山保护区位于赣西北九岭山脉西段，地跨宜丰、铜鼓两县，东邻鄱阳湖，南邻罗霄山，西邻洞庭湖，北邻幕阜山，地处鄱阳湖、洞庭湖和江汉三大平原之间的中心地段，地理坐标为东经114°29'~114°45'、北纬28°30'~28°40'，总面积11500.5hm^2，气候属亚热带湿润季风气候，四季分明，日照充足，野生兰科植物资源丰富，共有26属54种，其中地生兰34种、附生兰18种、腐生兰2种，各占总数的63.0%、33.3%和3.7%。

东河保护站坐落于宜丰县石花尖垦殖场官山林场李家屋场，建于1982年，位于九岭山南坡，保护区西南部，东面与青洞保护站相连，南面与宜丰县黄岗山垦殖场相邻，西面与西河保护站交界，北面与龙门保护站相交，距离黄岗镇17.2km，距离宜丰县城57.1km，管辖面积979.40hm^2，建设有六要素自动气象监测站、空气负氧离子自动监测站、12hm^{2}大型生物多样性动态监测样地、野生猕猴观测基地和绿色生态文明教育示范基地等，兰花谷就建在东河保护站内，这里森林茂密，流水潺潺，空气湿度大，河边两侧的花岗岩大石头上都长满了苔藓，十分适合兰科植物的生长，兰花谷生境如图4-1所示。兰花谷离东河保护站最近的距离只有200m，这里基础设施完善，科研人员的生活有保障，沿着兰花谷的两侧修建木栈道，在河谷上还架起了3座供行人通过的小桥。

图4-1　兰花谷的生境

4.2 伴生植物及同期开花植物

4.2.1 伴生植物

以兰花谷 750m 长的河谷为中心，向两侧各延伸 50m，在此区域内的被子植物为伴生植物，共有 62 科 129 属 197 种，详见附表 2。

4.2.2 同期开花植物

兰花谷内的多花兰（*Cymbidium floribundum*）、蕙兰（*Cymbidium faberi*）和钩距虾脊兰（*Calanthe graciliflora*）花期相近，都在 4 月初至 5 月初开花，此时与它们同期开花的植物共有 24 种，见表 4-1。

表 4-1　多花兰、蕙兰和钩距虾脊兰同期开花植物

类　别	物　种
乔木	陀螺果 *Melliodendron xylocarpum*
	老鼠矢 *Symplocos stellaris*
	青榨槭 *Acer davidii*
	构 *Broussonetia papyrifera*
	枳 *Citrus trifoliata*
	石楠 *Photinia serratifolia*
灌木	小果蔷薇 *Rosa cymosa*
	锐尖山香圆 *Turpinia arguta*
	蓬蘽 *Rubus hirsutus*
	杜鹃 *Rhododendron simsii*
	鹿角杜鹃 *Rhododendron latoucheae*
	鼠刺 *Itea chinensis*
	白鹃梅 *Exochorda racemosa*
	省沽油 *Staphylea bumalda*
	中华绣线菊 *Spiraea chinensis*
草本	地锦苗 *Corydalis sheareri*
	匍茎通泉草 *Mazus miquelii*
	虾脊兰 *Calanthe discolor*

（续表）

类　别	物　种
草　本	大黄花虾脊兰 *Calanthe sieboldii*
	无距虾脊兰 *Calanthe tsoongiana*
	紫背金盘 *Ajuga nipponensis*
	蛇莓 *Duchesnea indica*
	黄堇 *Corydalis pallida*
	七星莲 *Viola diffusa*
	鼠曲草 *Pseudognaphalium affine*
	紫云英 *Astragalus sinicus*
	羊蹄 *Rumex japonicus*
	泥胡菜 *Hemisteptia lyrata*
	蒲儿根 *Sinosenecio oldhamianus*
	蓟 *Cirsium japonicum*
	日本鸢尾 *Iris japonica*
	鸢尾 *Iris tectorum*
	七叶一枝花 *Paris polyphylla*
	山姜 *Alpinia japonica*

撰稿：李怡、彭巧华，官山国家级自然保护区管理局；杨柏云，南昌大学

第 5 章 多花兰传粉生物学研究

兰科植物是被子植物的大科之一，约有 736 余属 28000 种，广泛分布于全球的大部分区域，特别是热带地区的兰科植物具有较高的多样性（Liu et al., 2015; Merritt et al., 2014）。多花兰（*Cymbidium floribundum*）是兰科（Orchidaceae）兰属（*Cymbidium*）多年生附生植物，多生于海拔 100~3300m 的林中或溪谷旁透光的岩石或树上，湖南、浙江、江西、福建、台湾等地均有分布 (Suetsugu, 2015; Du et al., 2007)。由于多花兰观赏价值和经济价值较高，导致其野生资源面临人为破坏。此外，生态环境的破坏，更加剧了该物种的濒危程度。

作为濒危植物生存和进化的重要一环，植物传粉生态学研究一直备受关注。在兰属植物中，已知存在四种传粉模式：自动自交、奖励性传粉、泛化的食源性欺骗和贝氏拟态（模拟同期开花并具有报酬的植物）。其中，大根兰（*C. macrorhizon*）和兔耳兰（*C. lancifolium*）通过自动自交的方式实现传粉，这些植物缺少一个在花药和柱头之间起物理隔离作用的喙。具报酬的传粉发生在 *C. mandidum* 中，由无刺蜂（*Trigona kockingsi*）传粉。这种蜂可在唇瓣表面收集黏性物质，用于筑巢 (Du et al., 2007)。在碧玉兰（*C. lowianum*）中，也发现类似的传粉模式 (Davies et al., 2006)。选择泛化食源性欺骗的传粉方式的兰属植物较多，包括兔耳兰（*C. lancifolium*）(In et al., 2007)、春兰（*C. goeringii*）(Tsuji et al., 2010; Yu et al., 2007) 和寒兰（*C. kannan*）(Tsuji et al., 2010; Sugahara et al., 2001)。美花兰（*C. insigne*）则通过贝氏拟态模拟具有花蜜的杜鹃花属植物长柱睫毛萼杜鹃（*Rhododendron ciliicalyx*）的视觉信号，欺骗性地吸引大黄蜂前来传粉 (Kjellsson et al., 1985)。在兰属植物吸引传粉者的机制中，气味是很重要的一个因素，如虎头兰和春兰 (Yu et al., 2007; Dupuy, 1986)。日本研究人员发现，多花兰可通过释放特殊的挥发性物质吸引日本蜜蜂（*Apis cerana*），包括工蜂、雄蜂和蜂王。甚至发现大量的日本蜜蜂在一朵花上聚集成群，而日本蜜蜂在多化兰上聚集、传粉过程中未获得食物报酬 (Tsuji et al., 2010; Sugahara et al., 2013; Sugahara, 2006; Sasagawa, 2004)。然而，这些研究主要着眼于昆虫行为观察和花的化学成分分析，对于和植物传粉生态密切相关的开花物候学、系统繁育学、传粉昆虫在花上的访花行为、植物花色对传粉者的吸引等方面，缺乏详细的数据。此外，同一个植物物种，在不同的生态条件下，它的传粉策略或许会发生改变。众所周知，日本蜜蜂在中国分布较少，那么在这种情况下，中国产的多花兰传粉策略会如何调整？上述几点引发了我们的研究兴趣。本章节对多花兰的开花物候、繁育系统、传粉昆虫以及花的挥发性成分进行了研究，并用黑白瓶实验探讨了吸引传粉者的机制，以便为中国产的多花兰保育研究提供科学依据。

5.1 技术路线

多花兰传粉生物学研究技术路线如图 5-1 所示。

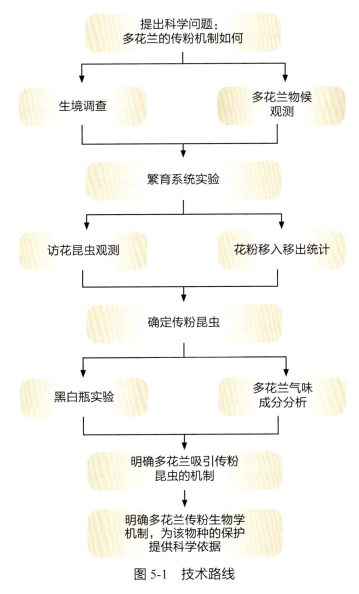

图 5-1 技术路线

5.2 研究地概况

本研究于官山保护区东河保护站兰花谷内进行，与多花兰同期开花植物详见第 4 章中的 4.2.2 同期开花植物。

5.3 花形态与开花物候

参照 Dafni 标准记录开花进程，对居群中 30 株多花兰进行定点、定时观察，记录每一朵开花和枯萎的时间，对单朵花花期、单株花序花期和居群群体花期进行观察统计（Renner，1993）；同时记录花粉块移入移出情况；观察记录居群内所有植株花的颜色变化、唇瓣的结构、唇瓣上的斑点变化以及有无花蜜等。在盛花期随机选取 30 朵花，用游标卡尺（精确度 0.01mm）测量其形态指标。同时，记录每天的温度及天气的变化与花粉流之间的关系。

结果表明，研究地的多花兰居群花期近 30d，单朵花花期为（10.1±0.89）d（n=30），单株花序花期为（15.5±0.87）d（n=30）；从居群内第一朵花开放到居群进入盛花期需要近 7d，花部器官形态参数见表 5-1。授过粉的花或花粉块被带走的花，其花期会缩短，为 5~6d。花蕾期的花序从苞片中抽出，花序低于叶片高度，并且花序轴会倾斜（图 5-2A）。随着时间的推移，花梗不停伸长生长，花蕾逐渐膨大，花序轴下垂，基部花朵慢慢张开（图 5-2B）。盛开时，中萼片、侧萼片与花瓣均张开到最大，唇瓣微微向下反卷（图 5-2C）。同时，观察到花粉块未被带走时或柱头未授粉时唇瓣上红色斑点的颜色界限分明（图 5-2D）；花粉块移出或柱头授粉 1d 后唇瓣上红色斑点界线开始变得模糊，整个唇瓣的变为浅桃红色，合蕊柱的色泽不变（图 5-2E）；花粉块移出后 3d 合蕊柱微微弯曲，变为红色，唇瓣颜色变为红棕色（图 5-2F）。

5.4 繁育系统实验

在居群内随机选择来自 30 个植株的 90 朵花，平均分成 6 组。开花前套尼龙袋以防止昆虫进入化内，在盛花期取下套袋按照以下方式随机进行处理：①不做任何处理；②去雄后套袋；③自花授粉；④同株异花授粉；⑤异株异花授粉；⑥全程套袋。待花期结束后统计其结实情况，计算自然结实率。

繁育系统结果显示，去雄套袋和全程套袋的结实率为 0%，自然结实率为 26.67%，无论是何种方式的人工授粉，结实率都接近 100%，结果见表 5-2。

表 5-1　多花兰和中华蜜蜂的表型特征

表型特征	样本数（个）	平均值（mm）	标准差
中华蜜蜂体宽	15	6.01	0.29
中华蜜蜂胸高	15	3.59	0.11
侧萼长	30	17.38	0.12
侧萼宽	30	5.96	0.22
中萼长	30	18.57	0.15
中萼宽	30	5.63	0.11
花瓣长	30	16.75	0.25
花瓣宽	30	6.29	0.12
唇瓣长	30	11.63	0.10
唇瓣宽	30	8.25	0.14
三角形开口	30	21.49	0.22
蕊喙到唇瓣中裂片垂直距离	30	3.58	0.18

图 5-2　多花兰开花物候

A. 花蕾期；B. 初花期；C. 盛花期；D. 未被带走花粉块的花；E. 花粉块移出 1d 后的花；F. 花粉块移出后 3d 的花

表 5-2　繁育系统结果

处理方式	花数（朵）	结实数（个）	结实率（%）
去雄套袋	30	0	0.00
不去雄套袋	30	0	0.00
自花授粉	30	28	93.33
同株异花授粉	30	29	96.67
异株异花授粉	30	30	100.00
对照（不去雄不套袋）	30	8	26.67

人工授粉实验中，去雄套袋的结实率为 0%，表明不存在无融合生殖，全程套袋的结实率为 0%，这也排除了自动自交现象，这表明多花兰种子的形成离不开传粉媒介。在自然条件下，无报酬兰科植物的平均结实率为 28% ~ 41%（Ravigné et al., 2006），而多花兰的自然结实率为 26.67%，与其相接近，但与人工授粉结实率差距甚大，表明多花兰的繁殖受到传粉者限制。通常情况下，无报酬植物的结实率要低于有报酬植物。首先，传粉昆虫也有"学习"能力，特别是对于中华蜜蜂这种社会性昆虫。一个昆虫个体，接收到植物释放的欺骗性信号，降落花器官上后并未获得报酬，在此后的一段时间内，它会避免访问此类花。因此，欺骗性花朵被访问的频率就偏低。其次，传粉的成功，更多取决于携带花粉的昆虫能否二次被骗，再次访问这种植物的花。Johnson 研究发现，在这种情况下，昆虫大多数会远离该居群，"二进宫"的概率低于首次被欺骗。因此，在很多欺骗性植物中，花粉迁出率和结实率并不对等（Johnson et al., 2003），比如本研究中，观察到花粉被移出数为 91，而移入数仅为 42。

多花兰具有根状茎，在野外以点状分布为主，在一个居群内，大多是由几个根状茎的克隆植株构成。一般来说，对于这种克隆植物，随着克隆植物基株的变大，基株上的每朵花逐渐被同一基株的其他花所包围，克隆内植株花粉传递增加，阻碍了基株的花粉向外散发，降低了不同基株间的交配机会，不可避免地增加了同株异花授粉的可能（Handel, 1985）。而在我们的观察中，由于传粉者无法从多花兰中获得报酬，在尝试着访问 1~5 朵花后便会离开这个居群，从而降低了同株异花授粉的比例，增加远交的机会。

5.5　访花昆虫、传粉昆虫及其行为

开花期间每天 8:00~17:00 对多花兰进行连续观察。用 HDR-AC3 摄像机及 LUMIX 照相机记录所有访花昆虫及其行为，包括访花前行为、停落方式、访花过程、单花停

留时间、居群停留时间、访花数目等。用捕虫网捕捉传粉昆虫，标本存放在南昌大学江西省植物资源重点实验室。

多花兰的访花昆虫包括蜜蜂科（Apidae）的中华蜜蜂（*A. cerana*）（图 5-3A）、蚁科（Formicidae）的拟黑多刺蚁（*Polyrhachis vicina*）（图 5-3B）、夜蛾科（Noctuidae）的魔目夜蛾（*Erebus crepuscularis*）（图 5-3C）、蝽蟓科（Coreidae）的蝽蟓（*Leptocorisa acuta*）（图 5-3D），其中中华蜜蜂为多花兰的有效传粉昆虫。中华蜜蜂从多花兰的初花期到凋谢期都会对其进行访问，但访问主要集中在盛花期，且在晴天 10:00~14:00，气温较高的时间段活动最为频繁。发生花粉块移入或移出的访花持续时间为（29.9±4.67）s（$n=10$），而未发生花粉块移入或移出的时间为（13.7±1.90）s（$n=10$）。

中华蜜蜂访花时，直接落在唇瓣上，随后钻入蕊柱与唇瓣相连的通道（图 5-3F），由于中华蜜蜂体宽和胸高小于通道，但体长大于通道长度，见表 5-1。当其头部接近蕊柱基部便不能继续前进，其尾部不停左右摆动，开始退出，在退出过程中，后腿向外蹬，背部会向蕊柱方向拱起并与药帽接触，花粉块会连药帽一起带出（图 5-3G）。如果中华蜜蜂携带着花粉块进行访花时，在其退出时胸背部同样会拱起而接触到合蕊柱上部，从而将黏附在背部的花粉块黏到柱头上，完成授粉。在中华蜜蜂整个访花过程中，其身体接触的花器官，如唇瓣、蕊柱等，均不分泌花蜜，而多花兰的花粉对于中华蜜蜂来说也是不可食的。

在传粉观测中，发现花粉块未被带走时或柱头未授粉时唇瓣上红色斑点的颜色界限分明（图 5-3D）；花粉块移出或柱头授粉 1d 后唇瓣上红色斑点界线开始变得模糊，整个唇瓣的变为浅桃红色，合蕊柱的色泽不变（图 5-3E）；花粉块移出后 3d 合蕊柱微微弯曲，变为红色，唇瓣颜色变为红棕色（图 5-3F）。在为期 30d 的肉眼观察和摄像机记录中，唇瓣变为红棕色后未发现中华蜜蜂访问该朵花。

当天气晴朗气温明显升高时，多花兰的花会大量开放，花粉块移入移出数量明显增多。4 月 17 日，研究区域的平均气温升高到 31.2℃，比之前阴雨天的平均气温提高了近 15℃，当天花朵大量盛开，占到了总开花数的 64.44%，花粉块移出数为 91，占到了总数的 25%，移入数为 42，占到总数的 26.75%（图 5-4）。

图 5-3　多花兰的访花昆虫及传粉昆虫

A. 访花昆虫中华蜜蜂；B. 拟黑多刺蚁；C. 魔目夜蛾；D. 螽蟖；E. 多花兰的传粉者中华蜜蜂；F. 花部结构；G. 中华蜜蜂钻入多花兰花内；H. 中华蜜蜂退出时带出花粉块；
c. 蕊柱；ml. 唇瓣中裂片；p. 花粉块；pe. 花瓣；s. 萼片；sl. 唇瓣侧裂片

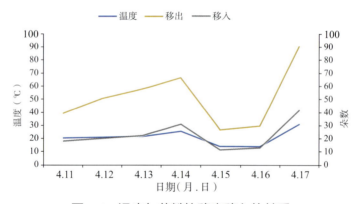

图 5-4　温度与花粉块移出移入的关系

植物与传粉动物的互利关系在生态系统中非常普遍（Kaiser-Bunbury et al., 2017）。许多兰科植物可以给传粉者提供花蜜、油类物质或脂类物质等报酬来吸引传粉昆虫为其传粉 (Kaiser-Bunbury et al., 2017; Burger, 2010; Wong et al., 2017)，然而，约三分之一的兰花采用欺骗的方式吸引昆虫为其进行传粉 (Wong et al., 2017; Aguiar et al., 2019)。有报酬的兰科植物通常利用花蜜或者类脂类物质吸引传粉者为它们传粉，中华蜜蜂为其他植物传粉时通常以花蜜或可食的花粉为报酬。然而在多花兰花内我们没有发现任何这类可作为传粉者的报酬，因而我们认为多花兰不能为传粉者提供食物类的报酬。此外，多花兰的花部形态，结合传粉者行为，也没有显示其能为传粉者提供繁殖地、避难所等功能。因此，我们推断多花兰主要靠欺骗的方法吸引中华蜜蜂前来传粉。

5.6 颜色与气味对昆虫吸引的行为学实验

参考 Burger 的飞行箱实验并稍作修改（Burger et al., 2010），该实验用到三种玻璃瓶，如图 5-5 所示，A 为带孔黑色玻璃瓶，昆虫看不到瓶内的物体，但里面的挥发性成分可以释放出来；B 为白色无孔玻璃瓶，昆虫能看到瓶内物体，但里面的挥发性成分无法释放出来；C 为带孔的白色玻璃瓶，昆虫能看到瓶内物体，且里面的挥发性成分可以释放出来。每天 10:00~16:00 在蜜蜂活动期间，以空白为对照组、植物花序为实验组，将黑白瓶放在多花兰居群中，统计传粉昆虫访问黑白瓶的次数，来探究颜色与气味对昆虫的吸引。每种玻璃瓶做 3 个处理，每天统计其被中华蜜蜂访问次数，重复 3d，最后对其差异性进行方差分析。

在黑白瓶实验的 6 个处理中，传粉昆虫访花频率分为两档，第一档为放有多花兰花序的 A 瓶和 C 瓶，第二档为其余 4 个处理。放有花序的 A 瓶访花频率显著高于对照，表明气味可以吸引传粉者。而放有花序的 C 瓶，传粉者既能看到里面的花，也能闻到里面的气味，但其访问频率与放有花序的 A 瓶（只能闻到，不能看到）无显著性差异。此外，放有花序的 B 瓶（昆虫能看到，但闻不到气味）的访问频率与对照无显著性差别（表 5-3）。由此可见，多花兰的挥发性成分在吸引传粉者中起着决定性作用。

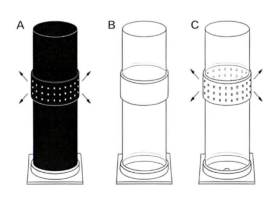

图 5-5　黑白瓶实验

A. 黑色有孔玻璃瓶，用来探究气味对昆虫的吸引；B. 透明密闭玻璃瓶，用来探究颜色对昆虫的吸引；C. 透明有孔玻璃瓶用来探究颜色+气味对昆虫的吸引

表 5-3　中华蜜蜂对不同黑白瓶的访花频率统计

处理方式	访问频率	处理方式	访问频率	处理方式	访问频率
A 瓶 - 花序	13.2[b]	B 瓶 - 花序	1.3[b]	C 瓶 - 花序	12.5[a]
A 瓶 -CK	1.9[b]	B 瓶 -CK	0.3[b]	C 瓶 -CK	1.4[b]

注：利用 Tukey's post hoc test 进行差异显著性分析，不同小写字母表示组间存在显著差异（$P<0.05$）。

5.7 花的挥发性成分

参考张聪等（2017）的化学成分的气相色谱—质谱联用分析方法，采用 Agilent 6890GC 气相色谱—质谱联用仪采集花的挥发性成分。通过 GC-MS 分析和 NIST02.L 质谱经计算机谱库检索，选择较高匹配度的化学成分，对样品进行定性分析。分别采集多花兰盛花期不同时间段（8:00、12:00、16:00）的花朵进行气味检测。

对多花兰不同时间段的挥发性成分进行测定，结果如图 5-6 所示。各个时间段花的挥发性成分变化不明显。8:00 的挥发性成分主要为异戊醛、己醛、庚醛、蒎烯、莰烯、辛醛、桉叶油醇、芳樟醇、壬醛（图 5-6A），含量分别为 10.32%、42.13%、2.94%、2.26%、

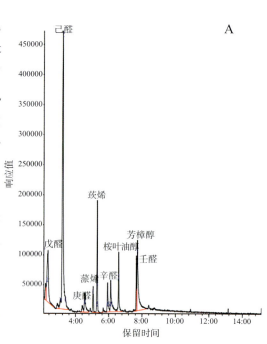

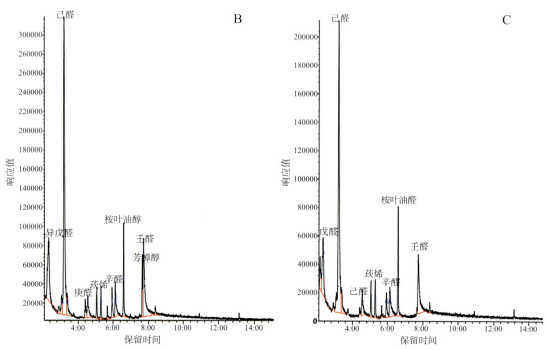

图 5-6　盛花期花的挥发性气味离子图

A. 8:00；B. 12:00；C. 16:00

9.24%、5.07%、5.07%、4.34%、11.47%；12:00 的挥发性成分主要有戊醛、己醛、庚醛、莰烯、辛醛、桉叶油醇、芳樟醇、壬醛（图 5-6B），含量分别为 11.94%、38.04%、3.09%、2.24%、4.03%、5.99%、4.44%、13.95%；16:00 的挥发性成分主要有戊醛、己醛、庚醛、莰烯、辛醛、桉叶油醇、壬醛（图 5-6C），含量分别为 9.64%、47.88%、3.23%、3.37%、5.65%、7.80%、11.28%。花朵的主要挥发性成分在各个时间段均为醛类与醇类物质，在种类和量上几乎没有变化，只有芳樟醇在 14:00 后含量降至 0%，而传粉观测显示，14:00 以后也未见传粉者访花，这暗示着芳樟醇含量的变化与传粉者活动可能有潜在的关系。

无报酬植物欺骗性地吸引传粉者的策略很多，如泛化的食源欺骗、贝氏拟态、模拟传粉者产卵地、性欺骗、或者释放昆虫信息素等。前两种传粉策略中，植物一般通过视觉信号吸引传粉者。在黑白瓶实验中，证实多花兰是通过嗅觉信号，而非视觉信号吸引昆虫。因此，排除泛化的食源欺骗 (Ravigné et al., 2006; Johnson et al., 2003; Handel, 1985)。

气味是兰科植物吸引传粉者的主要机制之一 (Chapurlat et al., 2019; Lahondère et al., 2020)。Luo 等（2013）通过中华蜜蜂的触角电位实验表明，芳樟醇在麻风树吸引中华蜜蜂过程中起着关键的作用。本研究中，中华蜜蜂是由多花兰挥发性成分吸引，而在挥发性成分中，芳樟醇在中华蜜蜂访花的时间段含量较高，而在中华蜜蜂访花以外的时间段，检测不到其信号峰。因此，我们推测，芳樟醇在多花兰吸引传粉昆虫中可能起了比较关键的作用。

近年来，随着化学生态技术的发展，在传粉机制的研究中发现了越来越多与昆虫化学通讯相关的拟态。如疏花火烧兰（*Epipactis veratrifolia*）的花可释放蚜虫报警的化学信号，诱骗食蚜蝇 (Stökl et al., 2011)。华石斛（*Dendrobium sinense*）亦可通过通过模拟蜜蜂报警素吸引蜜蜂的捕食者——胡蜂 (Brodmann et al., 2009)。本研究中，未发现中华蜜蜂访问区域内同期开花植物，基本可排除贝氏拟态，而泛化的食源性欺骗主要有赖于视觉信号。该地区多花兰通过气味吸引中华蜜蜂，是在模拟中华蜜蜂的某种信息素还是性欺骗，或者其他方式，还有待进一步研究。

目前，所有野生兰科植物均被列入《野生动植物濒危物种国际贸易公约》的保护范围，且占该公约应保护植物的 90% 以上 (Fuchs, 2008)，兰科植物的保护已成为当务之急。中华蜜蜂是多花兰唯一的传粉者，其数量的减少可能会影响到多花兰的数量。因此，我们在保护多花兰时，可在其野生栖息地旁边适当地种植中华蜜蜂的蜜源植物，以吸引和供养更多的传粉者。此外，多花兰作为一种观赏植物被广泛栽培。在人工栽培中，一般通过人工种内杂交授粉，进行新品种选育。而根据本研究，可通过在多花兰种植园中饲养中华蜜蜂，或者种植蜜源植物吸引中华蜜蜂前来为多花兰传粉，提高结实率。而且，中华蜜蜂在多花兰中的传粉机制导致异交率较高，从而提高其种内杂交率，以便选育表型更丰富的品种。如此，也能减少花农上山盗采多花兰的可能性。

5.8　多花兰传粉机制

多花兰不存在自动自交和无融合生殖，种子的形成有赖于传粉媒介。其自然结实率远低于人工授粉，存在严重的传粉限制。中华蜜蜂为多花兰的有效传粉昆虫，但未能从中获得报酬，在传粉过程中将花粉块连药帽一起带出。通过昆虫的行为学实验发现，多花兰气味对中华蜜蜂具有显著性吸引作用，而颜色对中华蜜蜂无显著性吸引作用。花朵的主要挥发性成分为醛类与醇类物质，一天之中在种类和量上几乎没有变化，只有芳樟醇含量的变化与传粉昆虫活动频率相关。本研究可为多花兰的野生保护和杂交育种提供一定依据。

撰稿：王国兵、岑进，官山国家级自然保护区管理局；
黄浪、陈兴惠、肖汉文、罗火林，南昌大学

第 6 章　钩距虾脊兰传粉生物学研究

虾脊兰属（*Calanthe*）隶属于树兰亚科，约 220 个物种，主要分布于世界热带和亚热带地区（Luo et al., 2020）。中国有虾脊兰属物种 51 种（邱莉, 2022），官山保护区内野生虾脊兰属植物有 6 种。虾脊兰属往往具有颜色艳丽的花朵，并特化出距的结构，然而距中无花蜜，通过欺骗蜂类、蛾类或蝶类传粉。虾脊兰属目前仅有 8 个物种的传粉生物学有研究报道（Ren et al., 2014; 陈秀萍, 2018; Nakaham et al., 2019; Luo et al., 2020; Naoto, 2022）。钩距虾脊兰（*C. graciliflora*）为地生型多年生草本，主要分布于中国长江以南地区和台湾地区。近年来，钩距虾脊兰的自然生境和野生资源遭到了严重的破坏，被《世界自然保护联盟濒危物种红色名录》列为近危等级。本研究的目的是通过探究钩距虾脊兰的传粉机制，为该物种的保育和保护策略的制定提供理论依据。

6.1　开花生物学特性

6.1.1　钩距虾脊兰的物候周期

在钩距虾脊兰的居群内，随机选取 30 个花序进行观察，记录开花和凋谢的时间，对单朵花、单株花序和居群的花期物候进行观察和记录。本实验将开花和凋谢的标准定为：花被张开能允许传粉昆虫进入花朵为开花，而花被闭合至昆虫不能进入花朵作为花凋谢。为了检测钩距虾脊兰的单花花期，在一个居群内分别选取并标记长势良好的钩距虾脊兰各 30 株，每株植物随机选取花莛最下方 3 朵花中的一朵，每个物种共 30 朵花，记录每朵花的开花时间和凋谢时间。单株花期是从该植株花序上的第一朵花开放至最后一朵花凋谢所经历的天数。居群花期为被观测某一种群内的某种植物从第一朵花开放至最后一朵花凋谢的时间间隔长度；当居群开花数达到 5% 时为初花期，50% 以上植株开花为盛花期，95% 的植株开花时为末花期。同时记录居群内同期开花的被子植物。居群内钩距虾脊兰的花从 3 月底持续至 5 月初，居群花期长约 32d，单花平均花期为（11.7±1.8）d（$n=30$），花序平均花期为（16±2.8）d（$n=30$）。

6.1.2 同期开花植物名录

钩距虾脊兰在官山保护区东河保护站兰花谷的花期基本上与多花兰的一致，故其同期开花植物详见表 4-1。

6.1.3 钩距虾脊兰花形态解剖

钩距虾脊兰花序生于叶腋基部，花蕾聚生于花序顶端，随花序伸长花朵由下至上慢慢开放，一个花序的花在 6~8d 全部开放。花葶密被短毛，花被背面为褐色，腹面为淡黄色，唇瓣基部约 1/3 与蕊柱翅的外侧边缘合生，浅白色，3 裂，具 4 个褐色斑点，其中裂片近方形或倒卵形，先端扩大，近截形并微凹，在凹处具短尖，侧裂片稍斜的卵状楔形，唇盘 3 条平行的龙骨状脊；龙骨状脊肉质，终止于中裂片的中部，其末端呈三角形隆起；蕊柱呈翅下延到唇瓣基部并与唇盘相连；距常弯曲，末端变狭，外面疏被短毛；花粉块都是 8 枚，棍棒状，每 4 个成一群，每群两长两短，具短的花粉团柄，两个花粉团柄共同着生于黏盘上；蕊喙 2 裂，裂片三角形，长约 1mm，先端尖牙齿状，药帽白色，位于合蕊柱顶端，在前端骤然收狭而呈喙状；黏盘近长圆形，长约 1mm；药帽表面均密布大量沟渠状突起和纹理，如图 6-1 和图 6-2 所示。

图 6-1　钩距虾脊兰花形态

AC. 药帽；I. 唇瓣；V. 黏盘；SE. 距口

图 6-2 钩距虾脊兰的花粉团和药帽

A. 花粉团；B. 药帽

6.1.4 钩距虾脊兰的花部形态指标特征

为检测钩距虾脊兰的花部形态指标特征，本研究随机选择 15 个植株，各剪取 1 朵完全开放的花朵，用游标卡尺（精确度 0.01mm）测量记录每朵花的 13 个花部结构特征：花入/出口长、花入/出口宽、花入/出口高、中萼片长、中萼片宽、侧萼片长、侧萼片宽、花瓣长、花瓣宽、唇瓣长、唇瓣宽、花梗长与花蜜距长，结果见表 6-1。

表 6-1 钩距虾脊兰花部形态特征　　　　mm

花部形态指标	样本数	最大值	最小值	极　差	平均值	标准差
中萼片长	30	14.33	10.85	3.48	12.60	0.95
中萼片宽	30	7.66	4.82	2.84	6.43	0.79
花瓣长	30	12.73	10.15	2.58	11.26	0.73
花瓣宽	30	4.76	2.82	1.94	3.83	0.57
侧萼片长	30	13.77	10.39	3.38	12.46	1.01
侧萼片宽	30	6.19	4.49	1.70	5.50	0.52
唇瓣长	30	7.94	5.71	2.23	6.91	0.63
唇瓣宽	30	8.9	2.35	6.55	7.09	1.75
入/出口深	30	3.64	2.78	0.85	3.21	0.32
入/出口宽	30	3.83	2.81	1.02	3.34	0.29
入/出口高	30	4.49	2.81	2.68	3.83	0.46
花梗长	30	26.32	16.27	10.05	20.67	2.42
距　长	30	10.17	7.31	2.86	8.76	0.78

6.2 花的挥发性气味

花的挥发性气味是吸引昆虫传粉的关键因素,采用固相微萃取和动态顶空吸附两种方法收集花的挥发性成分(Ren et al., 2014)。

6.2.1 固相微萃取(SPME)

根据样品花朵大小采集样品数量为2~10朵花,放入20mL的顶空瓶中,容积不超过采样瓶的二分之一,将在250℃下老化了30min的萃取纤维插入顶空瓶中,在40℃水浴中平衡40min;然后伸出萃取纤维,置于待测样品上方约0.5cm处,萃取时间为50min。萃取完成后将萃取纤维缩入萃取头内,随后进行GC-MS分析。

进样方式:将萃取针头置于250℃进样口中解吸附4min。GC条件:HP-5MS毛细管柱(30m×250μm×0.25μm),进样口250℃;程序升温:初始温度60℃,保持2min,以10℃/min升温至250℃,保持8min;载气为高纯氦气(纯度≥99.999%),分流比5:1。MS条件:电子轰击离子源(EI),电子能量70eV,离子源温度230℃,四级杆温度150℃,质谱扫描范围50~550m/z,300℃后运行2min。

6.2.2 动态顶空套袋——吸附采集法(DHS)

采集过程中先用无异味的微波炉袋套住花序,将微波炉袋剪下一个小口放入碱性活性炭管后扎紧,以达到过滤进入袋中空气的目的,另一侧连接吸附管收集挥发性成分。挥发性成分收集时间为4~5h,气体流速为0.5L/min。挥发性成分收集完成之后,先在圆微波炉袋上剪下两个直径为3~4cm的纸片,套在吸附管两端,再用橡胶头套将两端套住密封起来,随后进行洗脱。洗脱溶剂为二氯甲烷(HPLC级),用100μL的进样针吸取50μL的二氯甲烷,打入吸附管中,将吸附管收集到的挥发性成分洗脱出来,装入一体进样瓶中,置于-20℃冰箱保存,同时按顺序用无水乙醇、正己烷和二氯甲烷清洗吸附管3次,以备下次使用。

进样方式:取5μL二氯甲烷洗脱液。GC条件:HP-5MS毛细管柱(30m×250μm×0.25μm),进样口250℃。程序升温:初始温度40℃,保持2min,以5℃/min升温至250℃,保持5min;载气为高纯氦气(纯度≥99.999%),分流比5:1,溶剂延迟2min。MS条件:电子轰击离子源(EI),电子能量70eV,离子源温度230℃,四级杆温度150℃,质谱扫描范围50~550m/z,300℃后运行2min。

挥发性成分通过GC-MS得到的质谱图,结合正构烷烃标准品和样品中所测得化合物的保留时间(retention times, RT)来计算各化合物的保留指数(retention index,

RI），然后通过 NIST69 数据库检索对比和查阅相关资料进行定性分析，按照峰面积归一法进行定量分析，计算各挥发性成分的相对含量。

SPME 和 DHS 法检测到钩距虾脊兰的花共有 14 种挥发性成分，包括烃类 6 种、萜烯类 3 种、醛类 2 种、醇类 1 种、酯类 1 种、芳香类 1 种，结果见表 6-2。两种方法检测到的共同挥发性成分有 5 种：正十一烷、正十二烷、正十三烷、正十四烷和 β-石竹烯等。

SPME-GC-MS 从钩距虾脊兰的花中检测到了 11 种挥发性成分，以 3 种萜类和 6 种烷烃类为主，相对含量分别为 55.18% 和 43.63%，其余的挥发性组分占比都低于 1%。相对含量较高的挥发性成分有：β-石竹烯（54.72%）、正十三烷（20.44%）、壬烷（11.33%）和正十一烷（5%）等。仅为 SPME 检测出的挥发性成分为：壬烷、正十五烷、β-榄香烯、α-石竹烯、十二醛、3-甲基苄醇。

表 6-2　钩距虾脊兰花的挥发性成分及其相对含量　　　　　　　　　　%

花挥发性成分	保留指数	SPME	DHS
烷烃类 Alkanes			
壬烷 n-Nonane	940	11.33 ± 5.96	
正十一烷 Undecane	1109	5.00 ± 1.47	2.66 ± 3.76
正十二烷 n-Dodecane	1201	0.18 ± 0.26	1.12 ± 1.59
正十三烷 Tridecane	1300	20.44 ± 7.14	25.43 ± 7.57
正十四烷 Tetradecane	1399	3.86 ± 5.46	2.05 ± 2.59
正十五烷 Pentadecane	1499	2.82 ± 3.99	
萜烯类 Terpenes			
β-榄香烯 B-Elemene	1394	0.12 ± 0.17	
β-石竹烯 Caryophyllene	1423	54.72 ± 13.35	5.59 ± 3.95
α-石竹烯 Humulene	1458	0.34 ± 0.06	
醛类 Aldehydes			
正癸醛 Decanal	1208		43.85 ± 3.92
十二醛 Dodecanal	1400	0.22 ± 0.31	
酯类 Esters			
乙酸癸酯 Decyl acetate	1412		7.36 ± 10.41
醇类 Alcohols			
1-癸醇 1-Decanol	1277		0.68 ± 0.96
芳香类 Aromatics			
3-甲基苄醇 3-Methylbenzyl alcohol	1044	0.79 ± 1.11	

钩距虾脊兰的花挥发性成分以萜烯类为主，与虾脊兰属其他物种如大黄花虾脊兰（*Calanthe sieboldii*）、长距虾脊兰（*C. sylvatica*）、银带虾脊兰（*C. argenteostriata*）和长距玉凤花（*Habenaria davidii*）相似。然而，钩距虾脊兰花的烷烃类含量较高。除钩距虾脊兰和无距虾脊兰外，虾脊兰属其他植物花挥发性组分中烷烃类含量极少。萜烯类也是玉凤花属物种长距玉凤花（*H. davidii*）、橙黄玉凤花（*H. rhodocheila*）、鹅毛玉凤花（*H. dentata*），以及兰属物种蕙兰（*C. faberi*）、春兰（*C. goeringii*）、寒兰（*C. kanran*）（周雅莲 等，2020）等多种兰花的主要挥发性成分。尽管具有相似的花气味成分，这些兰科植物的传粉昆虫却并不相同，有的物种的传粉者为蜂类，如大黄花虾脊兰的传粉者为木蜂和熊蜂（李莉阳，2022）；有的物种的传粉者为蛾类或蝶类，如长距虾脊兰（Luo et al., 2020）、几种玉凤花属植物（陶至彬，2018）。这些结果表明，兰花对传粉昆虫的吸引可能是花形态、颜色以及花气味综合作用的结果。

6.3 访花昆虫和传粉昆虫及其行为

在花期内，采用摄影机（SONY FDR-AX700，数码 4K 摄录一体机，上海索广电子有限公司）对钩距虾脊兰进行传粉昆虫的观察，对访花昆虫定点拍照、摄像。访问者指接触到花任何部分的昆虫，传粉者指携带对应虾脊兰属植物花粉团的任一种访问者。记录所有访花昆虫的访花行为、访问时间、每次访花朵数、单花停留时间以及单株花序停留时间等。用捕虫网捕捉昆虫，固定标本送往中国科学院动物研究所和昆明植物研究所进行鉴定，标本存放在南昌大学江西省植物资源重点实验室。

在钩距虾脊兰花期内，我们共观察到 9 种访花昆虫，如图 6-3 所示。其中，赤足木蜂（*Xylocopa rufipes*）为钩距虾脊兰的唯一有效传粉昆虫，如图 6-4 所示。经过连续 60d（7:00~18:00）观察，共记录到赤足木蜂 41 次访花行为，其中 10 次带出花粉块。赤足木蜂访花时间主要集中在 9:00~12:00，阴雨天访花活动明显减少。而其他 8 种访花昆虫的访花频率较低，且每天的访花次数均不一致，具有较强的偶然性。

赤足木蜂头部宽（6.845 ± 0.325）mm，头部长（5.665 ± 0.525）mm，赤足木蜂的口器平均值为（7.20 ± 0.065）mm（$n=5$）。

图 6-3 钩距虾脊兰的访花昆虫

A. 黑带食蚜蝇 *Episyrphus balteatus*；B. 幽灵蛛属 *Pholcus*；C. 红火蚁 *Solenopsis invicta*；
D. 守瓜科 Aulacorthum；E. 摇蚊 *Chironmus* sp.；F. 日本弓背蚁 *Campon otusjaponicus*；
G. 尺蠖 *Geometridae* sp.；H. 草螽 *Conocephalus* sp.

图 6-4 钩距虾脊兰的传粉者

A~D. 赤足木蜂对钩距虾脊兰进行传粉过程；E~F. 赤足木蜂形态特征

赤足木蜂的访花行为主要集中在上午 9:00~12:00，存在连续访花现象。由于钩距虾脊兰的唇瓣是水平伸展，并不像其他的兰科植物存在强烈的反卷，给予昆虫良好的降落点。赤足木蜂在访花时，一般直接降落在唇瓣中裂片上，然后将口器伸入距内，

2~3s 的时间内口器伸缩 5~8 次，探寻花蜜的有无。赤足木蜂口器长度 [（7.20±0.065）mm] 略短于距的长度 [（8.76±0.78）mm]，其在访花时，口器虽较短，但其头部前端一部分能够伸入花内。退出时，口器末端会碰触到位于药帽前端的黏盘，于是药帽连同花粉块黏附在口器上被一起带出。被带出的药帽有时会在飞行途中掉落，有时会跟随赤足木蜂访问下一朵花时才会掉落。当带着花粉块的昆虫访问另一朵钩距虾脊兰时，其口器上的花粉块就会被黏在位于距入口上方富含黏液的柱头腔上，从而完成传粉过程。我们还观察到，有的赤足木蜂在访花过程中会用前肢将附着在其口器上的花粉块往柱头上推，使花粉块黏在柱头上。

根据观察，赤足木蜂在接近钩距虾脊兰时，完全不会在花的上空盘旋，每次都是直接落在唇瓣中裂片上，随后附肢牢牢抓住唇瓣调整位置。赤足木蜂在花上停留的时间都极短，为 2~5s，平均停留时间为 3.4s（n=8）。赤足木蜂在访花时会连续访问同一花序上的 2~3 朵花。但并不是每次访花都能带出花粉块。在观察到的访花过程中，赤足木蜂访问 51 朵花仅移出 6 次花粉块。

6.4 繁育系统

6.4.1 繁育系统

对钩距虾脊兰进行 6 组不同的授粉处理，每组 30 朵花。开花前用尼龙袋对花序进行套袋处理，在盛花期取下套袋并按照以下方式随机进行授粉后将袋复原：①仅套袋；②去雄后套袋；③自花授粉；④同株异花授粉；⑤异株异花授粉；⑥自然结实（即不做任何处理）。待花期结束后统计各组结实情况，结果见表 6-3。

由表 6-3 可知，钩距虾脊兰不存在无融合生殖和自动自交授粉现象，自交和异交都高度亲和，必须通过昆虫作为媒介传粉才能结实。

表 6-3 钩距虾脊兰繁育系统

处理	样本数	结实数	结实率（%）
套袋	30	0	0
去雄后套袋	30	0	0
自花授粉	30	30	100
同株异花授粉	30	30	100
异株异花授粉	30	30	100
自然结实	30	5	16.67

在实验过程中我们还发现，花授粉或去雄后花期明显缩短。当柱头接受花粉后，唇瓣由白色逐渐变为浅黄色，花瓣和花萼迅速向内闭合，直至完全挡住合蕊柱；花瓣和萼片颜色逐渐变黯淡，直至萎蔫；子房随之慢慢膨大，并向下弯曲，如图6-5所示。开花期间，气温维持在21~26℃，当气温升高时，花开放明显增多。

图 6-5　授粉 48h 后花形态的变化

6.4.2　花粉活力

采用 TTC 法（阮稀，2022）分别对花蕾期、初花期、盛花期及凋谢期等 4 个时期的花粉进行活力测定。

钩距虾脊兰花朵在不同的开放时期活力表现差异很大，发现其花粉在花蕾期就有活力，并且有活力花粉比例达到了 79%；在初花期其花粉活力最高达到了 95%，随后开始下降，盛花期有活力花粉比例为 82%，凋谢期有活力花粉比例仅为 20%，结果如表 6-4 和图 6-6 所示。

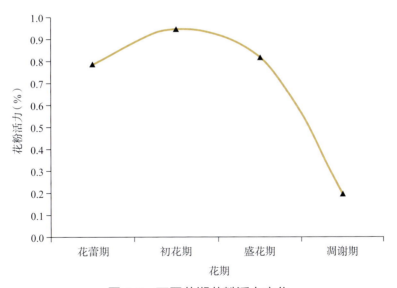

图 6-6　不同花期花粉活力变化

6.4.3　柱头可授性

有用联苯胺—过氧化氢法测定柱头可授性（阮稀，2022），将柱头至少 2/3 部位呈现深蓝色并伴有大量气泡出现算作柱头具有可授性，且气泡越多可授性越强，否则认为柱头没有可授性。结果表明，钩距虾脊兰的柱头可授性，从花蕾期到盛花期柱头可授性是逐渐升高的,盛花期之后开始逐渐降低,凋谢期的花其柱头不具可授性,结果见表6-4。

表6-4　不同时期的花粉活力和柱头可授性检测

处理时间	花粉活力（%）	柱头可授性
花蕾期	79	+/-
初花期	95	+
盛花期	82	++
凋谢期	20	-

注:"+/-"表示柱头仅具有部分可授性;"+"表示具有可授性;"++"表示具有较强的可授性;"-"表示柱头不具可授性。

通过比较花粉活力与柱头可授性的结果,如图6-7所示,发现它们的变化趋势存在一致性,但并不同步,表现为花粉块的活性在初花期达到了最高,而柱头的可授性则在盛花达到最高,导致这二者的差异,还有待于进一步的研究。

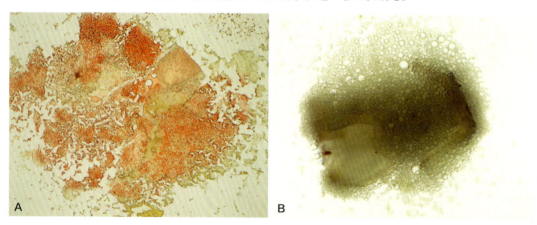

图6-7　花粉活力与柱头可授性

A. 初花期花粉活力（放大45倍）；B. 盛花期柱头可授性

本研究我们发现并证实了钩距虾脊兰的有效传粉昆虫为赤足木蜂,并且设计了黑白瓶实验和假花模拟实验,以验证钩距虾脊兰到底是通过花的颜色还是气味吸引传粉昆虫。然而,由于研究地点的传粉昆虫赤足木蜂数量较少和访花频次较低,目前获取的数据暂时不能解决吸引机制的问题。后续的研究拟通过更多的室内外重复实验,进一步解决钩距虾脊兰对赤足木蜂的吸引机制问题。

撰稿：黎杰俊、李梓锋,官山国家级自然保护区管理局；
方艺、杨过、李冬萌、谭少林、杨柏云,南昌大学

第 7 章 蕙兰繁殖生物学的研究

蕙兰为我国传统名花，是一种具有悠久历史和深厚文化底蕴的观赏、经济和文化价值很高的植物。蕙兰主要以分株繁殖为主，但繁殖率低、周期长、生产成本高，难以满足市场需求。组织培养技术具有繁殖系数高、速度快、效益高等优点，可促进蕙兰的大批量繁殖。野生蕙兰是国家二级重点保护野生植物，对其开展传粉生物学的研究，不但可以明确影响结实率高低的原因，还能明确其有效的传粉昆虫及传粉机制，为蕙兰保育生物学研究提供基础资料。蕙兰的开花率与花芽分化有关，通过对蕙兰花芽分化过程的解剖学观察，可以明确其花芽分化过程，对有效提高开花率具有十分重要的作用。本文从蕙兰传粉生物学、花芽分化解剖学以及无菌播种等技术和方法入手，对其开展繁殖生物学的研究，对蕙兰的试管苗快速繁殖及保育生物学研究都具有十分重要的理论和现实意义。

7.1 技术路线

蕙兰繁殖生物学研究技术路线如图 7-1 所示。

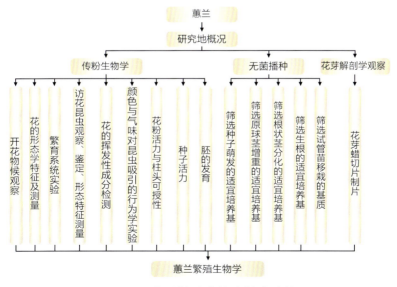

图 7-1 蕙兰繁殖生物学技术路线

7.2 传粉生物学

在实验地观察并记录蕙兰居群的开花物候、访花昆虫，测验其花粉活力和柱头可授性，在居群内开展繁育系统实验，检测蕙兰花的挥发性成分，进行颜色和气味对昆虫吸引的验证实验，将繁育系统实验所得的果实进行种子活力检测和统计其胚的发育情况（杨静秋，2017）。

7.2.1 蕙兰开花物候及花形态特征

使用游标卡尺对随机选择的30朵完全开放的花进行了形态学特征测量，包括花序长度、花柄长度、萼片长宽、花瓣长宽、唇瓣长宽、合蕊柱长、花朵开口长宽以及果实的长宽度，结果见表7-1。

表 7-1 蕙兰花部形态特征指标

花部形态	平均值
花葶高（cm）	34.06 ± 4.51
花朵数（朵）	10 ± 2
花瓣长（mm）	34.06 ± 3.46
花瓣宽（mm）	9.03 ± 0.71
中萼片长（mm）	41.92 ± 3.26
中萼片宽（mm）	9.29 ± 1.16
侧萼片长（mm）	41.19 ± 3.37
侧萼片宽（mm）	8.78 ± 0.80
唇瓣中裂片宽（mm）	6.54 ± 0.5
蕊喙到中裂片（mm）	5.75 ± 0.87
花朵高（mm）	10.21 ± 0.72
合蕊柱长（mm）	28.96 ± 5.32

记录蕙兰单朵花、单株和整个居群的花期（刘南南，2019）。在蕙兰居群中随机挑选35棵长势良好的带花苞植株，记录单朵花从开放到凋谢的天数来统计单花的花期；记录单个花序中第一朵花开放到最后一朵花的凋谢所持续的天数来统计单株的花期；以居群第一朵花开放到最后一朵花凋谢所持续的天数为居群花期。对盛花期的花朵进行检查，以确定是否有花蜜或脂类物质分泌，来进一步研究植株的生殖策略。

蕙兰居群的花期为3月初至4月底可持续（54±3）d，平均单花序花期为（25±3）d（$n=60$），平均单花花期为（18±3）d。蕙兰为总状花序，花序从花芽露出土面到开花需要（18±2）d。蕙兰开花植株、花序及果实见图 7-2。

图 7-2 蕙兰植株
A. 植株；B. 花序；C. 果实

7.2.2 同期开花植物

本研究于官山保护区东河保护站兰花谷内进行，同期开花植物详见第 4 章中的 4.2.2 同期开花植物。

7.2.3 繁育系统

本次实验共分为 6 组，每组 30 朵花（刘南南，2019）。在花开放之前，将蕙兰花序套上尼龙袋，等到蕙兰花朵完全绽放后，将花袋取下并按以下方法对其进行处理再恢复套袋，在花期结束统计各个处理的结实情况。

（1）去除合蕊柱上的花粉块并套花袋，验证植株是否存在无融合生殖。

（2）不做处理套上花袋，检验植株是否存在自花传粉。

（3）人工自花授粉，指在同一朵花中将其花粉块授在柱头上，检验植株是否有自交亲和力。

（4）人工同株异花授粉，指在同一植株中将一朵花上的花粉块授在另一朵花的柱头上，检验同株异花授粉是否有亲和力。

（5）人工异株异花授粉，指将一植株上的花粉块授在另一植株花朵的柱头，以检验异株异花授粉是否有亲和力。

（6）自然对照，无任何处理。

蕙兰的繁育系统结果见表 7-2。从表中结果可以看出，蕙兰没有无融合生殖，不存在自动自花传粉，自交和异交都高度亲和，实验地也不缺少传粉昆虫。

表 7-2　蕙兰繁育系统结果

处　理	样本（朵）	结　实	结实率（%）
去雄套袋	30	0	0
不去雄套袋	30	0	0
自　花	30	30	100
同株异花	30	30	100
异株异花	30	30	100
自　然	30	7	23.3

兰科植物在长期的自然进化过程中形成了自交、异交以及混合交配三种交配系统（黄双全 等，2000）。自交会导致近交衰退，常表现为花朵脱落、种胚不完整和后代适应环境能力差等。兰科植物的繁育系统也会随环境不同而改变，在受极端环境胁迫时也会从异交向自交演变，以保证种群的繁衍。通过繁育系统可确定蕙兰是以异交为主，需要传粉者帮助其授粉才能结实。自然结实率为 23.3%，在欺骗性传粉机制中，结实率较高，究其原因可能有二点：一是蕙兰有较长的花期，居群花期长达 54d，单个花序花期为 25d，单朵花的花期为 18d；二是研究地周边都有放置中华蜜蜂蜂箱，不缺传粉昆虫。

7.2.4　花粉活力与柱头可授性

采用盛开花朵上的花粉块和柱头为材料，花粉的活力用 TTC 法来检测（莫周美 等，2022），柱头的可授性用联苯胺—过氧化氢法检测（王武，2013）。

花粉和柱头在开花过程中的活力和可授性变化情况，结果如图 7-3 所示。花粉块在开花的第 1d，就已经具备活力，并且达到了 75%；随着时间的推移，花粉活力持续增强，在第 6d 达到最高值为 96%。随后花粉活力逐渐缓慢下降，到第 12d 仍然保持

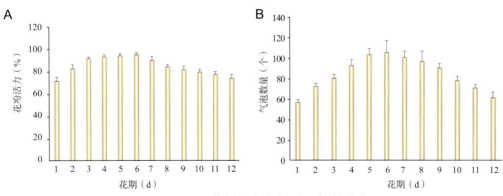

图 7-3　花粉活力和柱头可授性变化

A. 花粉的活力；B. 柱头的可授性

在 70% 以上活力。柱头可授性在开花后的第 2d 就具备了一定的可授性，但是可授性较低，随着时间的推移，柱头的可授性也逐渐增强，到第 6d 时，也可达到最高峰，随后则以较快的速度下降。

7.2.5 访花昆虫、传粉昆虫及其行为

在蕙兰花期内每日 8:00~18:00 对访花昆虫进行观察和记录，包括访花行为以及在每朵花上的停留时间。对捕获的传粉昆虫进行形态学特征测量，包括头部、胸部、腹部、口器长度等参数（精确度 0.01mm），同时将访花昆虫制成标本，带回实验室进行种类鉴定。

在观察时间段内，有多种昆虫出现在蕙兰及其同期开花植物的花丛中，其中，蜜蜂和蝴蝶较多。但只观察到 3 种昆虫访问蕙兰的花，分别是中华蜜蜂、中华按纹（*Anopheles sinensis*）和大腹园蛛（*Araneus ventricosus*），其中有效传粉昆虫为中华蜜蜂，其形态学特征见表 7-3。中华蜜蜂访花时间段主要在每天 10：00~14：00 之间，在 60 次访花中，有 50 次是直接降落在蕙兰的唇瓣上，占总访花次数的 83%，其在花上的平均停留时间为 17s，最长停留时间为 36s。在访花时先沿着唇瓣移动到唇瓣基部，将口器和头部伸入花内探寻是否有花蜜，退出时头部会碰到药帽，花粉块就会黏在其背上，当它在访问另一朵花时，其背上的花粉块会触碰到合蕊柱，并黏到柱头上，完成传粉过程，传粉昆虫访花行为如图 7-4 所示。

表 7-3 传粉昆虫中华蜜蜂的形态学特征

形态特征	平均值（mm）
头部长	3.57 ± 0.18
头部宽	3.23 ± 0.12
胸部长	3.88 ± 0.40
胸部宽	4.26 ± 0.24
腹部宽	3.97 ± 0.24
口器长度	5.08 ± 0.20

图 7-4 传粉昆虫访花行为

A. 中华蜜蜂访花；B. 带走花粉块；C. 移入花粉块；D. 中华蜜蜂携带花粉块

蕙兰花两侧对称，有特化的唇瓣，其颜色鲜艳，子房在开花过程中扭转180°，使唇瓣位于花的下方，方便昆虫落脚等都有利于昆虫传粉。蕙兰在传粉过程中高度依赖传粉者，蕙兰在开花2~12d花粉活力和柱头可授性都较强，人工授粉应选择在此时间段，能有效提高授粉成功率。

据文献报道（庾晓红 等，2008），中华蜜蜂也是兰属中许多地生兰的有效传粉昆虫，例如春兰、建兰、寒兰、多花兰、墨兰等，同样也都是挥发性气味吸引其访花，从而帮助传粉。此外，蕙兰花的形态特征与传粉昆虫的形态也高度适应。

7.2.6 花的挥发性成分

采用吸附—溶剂洗脱法收集盛花期蕙兰花的挥发性气味，并结合气相色谱—质谱法（GC-MS）分析其成分（时锦怡，2022），结果见表7-4。

蕙兰挥发性气味是一个动态指标，在花蕾期、盛花期和凋谢期主要成分大致相同，其中盛花期挥发性气味最为明显，如图7-5所示。在10：00~14：00之间，挥发性气味成分最为明显，与昆虫传粉时间段相吻合，如图7-6所示。

表7-4 蕙兰气味成分分析

挥发性气体成分	保留时间（s）	含量（%）	
		样品1	样品2
α-蒎烯	8.372	6.126	5.96
α-姜黄烯	12.705	6.13	4.74
桧烯	7.161	1.25	0.98
月桂烯	8.149	0.7	1.2
桉叶油醇3-辛醇	9.544	6.07	5.94
α-松油醇	9.537	0.5	0.7
8a-六氢-6	15.219	4.39	5.32
(E)-β-金合欢烯	22.505	4.01	3.95
金合欢醇	28.639	56.98	57.84
正十六烷	12.705	1.32	1.21
壬醛	6.1069	3.4533	3.94
对甲酚	13.5998	0.43	0.52
芳樟醇	12.8271	0.1	0.1
2-正戊基呋喃	14.1861	0.1	0.1
四烯	12.2857	2.21	4.34
对薄荷-1，3，8三烯	9.7883	5.98	6.53

（续表）

挥发性气体成分	保留时间(s)	含量(%)	
		样品1	样品2
α-水芹烯	13.537	0.57	1.2
甲氧甲酚	12.8299	0.1	0.2
白菖烯	5.4229	0.05	0.05
β-紫罗兰酮	12.7382	0.05	0.05
水杨酸辛酯	7.8115	0.2	0.1
邻苯二甲醇二异丁酯	15.341	1.54	2.1
邻苯二甲醇正丁异辛酯	12.06	1.02	1.3
棕榈酸异丙酯	17.99	1.12	1.24
茉莉酸甲酯	14.876	11.28	13.2

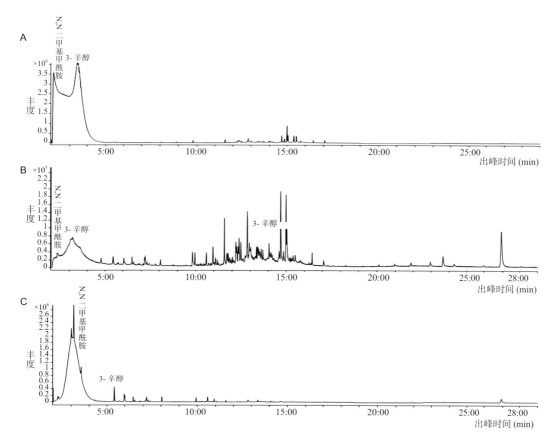

图7-5 不同时期的花挥发性成分总离子流
A. 花蕾期；B. 盛花期；C. 凋谢期

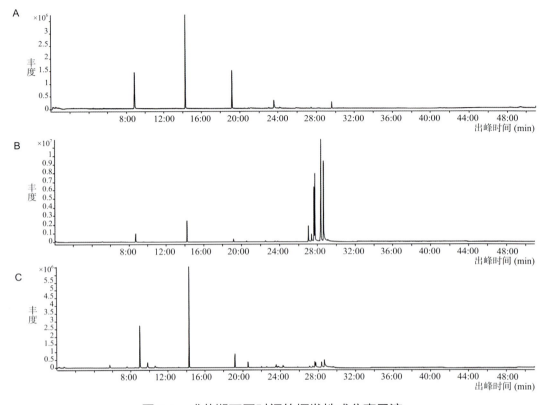

图 7-6　盛花期不同时间的挥发性成分离子流

A. 6:00~10:00；B. 10:00~12:00；C. 14:00~18:00

7.2.7　花挥发性气味对传粉昆虫的吸引行为学实验

本实验采用单种试剂对昆虫吸引的验证，采用水为对照（查兆兵，2016）。人工制作假花，大小与蕙兰花花序相似，分别将桉叶油醇、茉莉酸甲酯、金合欢醇、α-蒎烯试剂滴在假花上，插入植株丛中，高度与花序相一致，记录传粉昆虫对假花的访问次数，结果见表 7-5。从表 7-5 中可以看出，中华蜜蜂对桉叶油醇 3-辛醇最为敏感，在相同的时间内，访花次数最高，对 α-蒎烯和金合欢醇的访问总次数分别为 2 次和 3 次，而对茉莉酸甲酯则没有反应，访花次数为 0。

表 7-5　化学试剂气味验证

化学试剂	访试剂次数（次）
桉叶油醇 3-辛醇	12
茉莉酸甲酯	0
金合欢醇	3
α-蒎烯	2

不同物种的花朵在报酬、颜色、气味、形态、排列方式和开花方式等方面有着广泛的差异。这些特征为传粉昆虫提供了味觉、视觉和嗅觉上的线索,以便它们能够更好地识别和利用花朵(刘翘 等,2019)。蜜蜂通常使用视觉线索来区分有报酬和无报酬的花朵,但与之相比,嗅觉线索在物种间花朵的辨别中起着主导的作用。事实上,蜜蜂不能正确地识别不同属或科物种的相似花朵颜色,但是花特异的气味却为传粉昆虫提供了丰富的信息。一般来说,欺骗性传粉兰科植物的结实率较低,而有报酬的兰科植物结实率却较高(任宗昕 等,2012)。在本实验中发现蕙兰主要是依靠气味来吸引中华蜜蜂访花的,其气味相较于颜色对中华蜜蜂来说更具有吸引力。此外,本实验中蕙兰的结实率较高,甚至高于有回报的兰科植物平均结实率,这可能与实验地附近养殖了中华蜜蜂有关。

7.2.8 颜色与气味对昆虫吸引的行为学实验

该实验用到三种玻璃瓶(马庆良 等,2012),它们的形态与结构与多花兰传粉中的图 5-5 黑白瓶实验相同,以蕙兰花序组作为实验组,空白组作为对照,在昆虫活动期间将黑白瓶放置在蕙兰居群附近,共设计如下 6 组实验。

①颜色 vs 空瓶:2 个透明密闭玻璃罐,一个放入花序,一个不放花序;
②气味 vs 空瓶:2 个黑色有孔玻璃罐,一个放入花序,另一个不放花序;
③颜色 vs 气味:一个黑色有孔玻璃罐,一个透明密闭玻璃罐,均放花序;
④颜色 + 气味 vs 空瓶:2 个透明有孔玻璃罐,一个放入花序,另一个不放花序;
⑤颜色 + 气味 vs 气味:一个黑色有孔玻璃罐,一个透明有孔玻璃罐,均放花序;
⑥颜色 + 气味 vs 颜色:一个透明有孔玻璃罐,一个透明无孔玻璃罐,均放花序。

实验在每天 10:00~16:00 蜜蜂活动时期进行,通过统计传粉昆虫对黑白瓶的访问频率,以研究不同颜色和气味对昆虫行为的影响。每 1d 计为 1 次实验重复,共进行 6 次重复,结果如图 7-7 所示,说明蕙兰花的挥发性气味对中华蜜蜂有很强的吸引作用;蕙兰花的颜色对中华蜜蜂吸引作用较小;蕙兰花的颜色加气味相对于空白对照和颜色,昆虫访花次数呈现增多趋势,进一步说明蕙兰花的气味比色泽对中华蜜蜂更具有吸引作用。

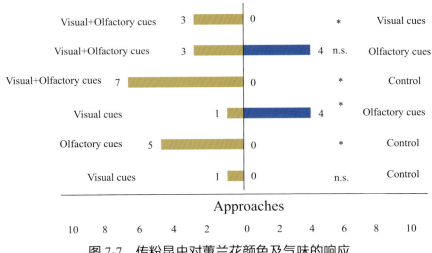

图 7-7　传粉昆虫对蕙兰花颜色及气味的响应

二项式检验：n.s. 表示 $P > 0.05$，* 表示 $P < 0.05$

7.2.9　胚的发育

采集自然授粉、人工自花授粉、人工同株异花授粉和人工异株异花授粉所得到的成熟果实，将里面的种子制作水装片（$n=5$），在光学显微镜下观察不同授粉方式种子胚的发育情况。将种子分为大胚、小胚、流产胚（包括塌陷、发育减少和不完全）和无胚四类。每次随机选取三个视野，记录其中种子数目和胚的发育情况，结果如图 7-8 所示。

自然结实含大胚的比例为 62.71 ± 5.92%，显著高于自花授粉 [（35.37 ± 3.70）%] 和同株异花授粉 [（45.67 ± 5.69）%] 的比例（$P < 0.05$；图 7-8A），与异株异花比例 [（67.8 ± 5.82）%] 无显著差异。

自然结实中含小胚比例为（24.1 ± 2.19）%，与自花授粉比例 [（30.8 ± 4.22）%] 有显著性差异（$P < 0.05$；图 7-8B），与同株异花授粉比例 [（24.29 ± 3.03）%] 和异株异花授粉比例 [（20.11 ± 2.25）%] 无显著差别。

自然结实中含流产胚比例为（7.87 ± 2.82）%，与自花授粉比例 [（15.53 ± 3.91）%] 和同株异花授粉比例 [（13.02 ± 3.51）%] 差别较大（$P < 0.05$；图 7-8C），与异株异花比例 [（5.28 ± 1.12）%] 无显著性差别。

自然结实中含空胚比例较低为（5.32 ± 3.51）%，与自花授粉比例 [（18.3 ± 5.72）%] 和同株异花授粉比例 [（17.02 ± 5.24）%] 差别较大，与异株异花授粉比例 [（6.81 ± 4.5）%] 无明显差别（$P < 0.05$；图 7-8D）。

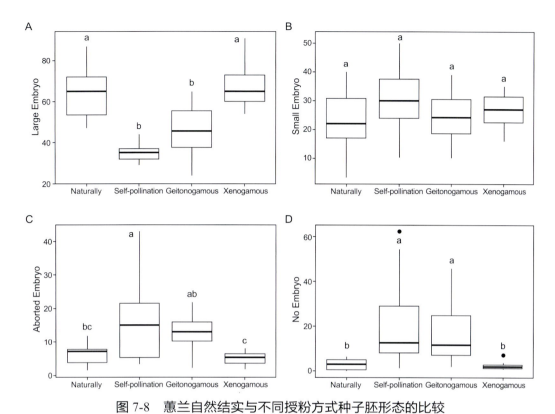

图 7-8　蕙兰自然结实与不同授粉方式种子胚形态的比较

A. 大胚；B. 小胚；C. 流产胚；D. 空胚；不同字母表示差异显著 ($P < 0.05$)

通过对蕙兰成熟果实种子胚的观察，发现蕙兰自然结实种子中大胚所占比例和异株异花授粉的均较高，其空胚和流产胚比例均较低。自花授粉和同株异花授粉所得到的果实中大胚比率较低，空胚率和流产胚比例较高，可能与自花授粉易导致后代生活力衰退有关，容易产生种子败育（杨期和 等，2011）。

7.2.10　种子活力检测

采集自然授粉、人工自花授粉、人工同株异花授粉和人工异株异花授粉后 60d、90d、120d、180d 和 240d 的果实进行种子活力检测。同样是采用 TTC 法，通过体视显微镜随机选取 6 个视野观察种子染色情况，统计各个视野内染色种子数目和种子总数，计算种子活性。不同授粉方式和天数对种子活力的影响如图 7-9 所示。

实验结果显示，在授粉后 60d，果实青涩未熟，种子活性整体偏低，但随着时间的延长，种子的活性逐渐升高，到 180d，种子活力达到了最高，随后种子的活性则逐渐下降。此外还发现种子活力不会因授粉方式的不同而发生较大改变。经过比对分析发现蕙兰种子在授粉后 120~180d 活力高，用这个时候的种子进行无菌播种和共生培养较好。

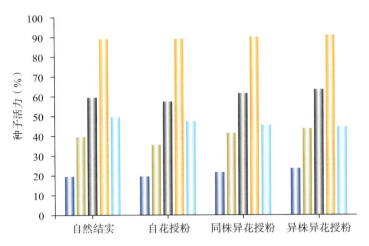

图 7-9 蕙兰不同授粉方式和天数对种子活力的影响

■授粉 60d；■授粉 90d；■授粉 120d；■授粉 180d；■授粉 240d

7.3 种子无菌播种

对蕙兰授粉后 180d 未开裂的果实进行低温贮藏，探寻不同保存时间对其种子活力的影响，同时选取相关的因子设计正交试验筛选出蕙兰种子萌发、原球茎增殖、分化和生根壮苗的最适宜培养基和移栽基质等，建立蕙兰的快速繁殖体系（杨柏云 等，1995；钱春 等，2008；张东旭 等，2009；卜朝阳 等，2011；付秀芹 等，2018）。

7.3.1 不同培养基对种子萌发的影响

选用授粉后 180d 未开裂的果实为材料，在自来水中洗刷干净，再用洗衣粉浸泡 20~30min，流水冲洗干净洗衣粉液后放入广口瓶中，用 75% 乙醇浸泡 1.0min，再用 0.1% $HgCl_2$ 消毒 10min，期间要不停地摇动消毒瓶，使果实与消毒液充分地接触，最后用无菌水冲洗 3 次果实后用于接种（沈宝涛，2017）。

选择 MS、B5、N6 三种基本培养基，6-BA 和 NAA 为三因素，设计正交试验。培养基中均添加活性炭 0.5g/L、振泰胶 4.5g/L、蔗糖 30g/L，pH 值 5.6~5.8，高温高压灭菌后冷却备用。接种时，用解剖刀剖开蒴果，将种子取出放入 500mL 的无菌水中，并充分搅拌均匀，每瓶接种 10mL 的种子悬浮液。每个处理 15 瓶，重复 3 次。培养条件：温度为（24±2）℃，光照强度为 2000~2500lx，光照时间 12h/d。观察种子初始萌动时间及萌发动态，90d 后统计其萌发率。

种子萌发率及萌发过程如表 7-6 和图 7-10 所示。从表 7-6 中可以看出，蕙兰种子在各组培养基上均能萌发，但其萌发时间、萌发率和生长状况各不相同。蕙兰种子在 5 号培养基 B5+1.5mg/L 6-BA+2.0mg/L NAA 中,其萌发率为(32.12±3.23)%,在 8 号培养基 N6+1.5mg/L 6-BA 中萌发率次之,为(27.27±5.32)%,在 9 号培养基 N6+3.0mg/L 6-BA+1.0mg/L NAA 中萌发率最低,仅为(2.15±2.12)%。

表 7-6 不同培养基对种子萌发的影响

编号	培养基	6-BA (mg/L)	NAA (mg/L)	萌发率 (%)	萌发情况
1	MS	0	0	6.32±3.27	原球茎萌发较少
2	MS	1.5	1.0	16.14±7.69	萌发原球茎少,呈黄绿色
3	MS	3.0	2.0	18.75±6.05	萌发原球茎少,呈嫩绿色
4	B5	0	1.0	21.74±2.67	原球茎萌发数量较多,原球茎小,长势弱
5	B5	1.5	2.0	32.12±3.23	原球茎萌发数量较多,原球茎嫩绿色,长势弱
6	B5	3.0	0	4.17±0.02	原球茎萌发数量较多,原球茎小,长势较差
7	N6	0	2.0	25.16±2.63	萌发原球茎数量多,嫩绿,长势好
8	N6	1.5	0	27.27±5.32	萌发原球茎数量多,嫩绿,持续膨大,增殖
9	N6	3.0	1.0	2.15±2.12	萌发原球茎少,长势一般

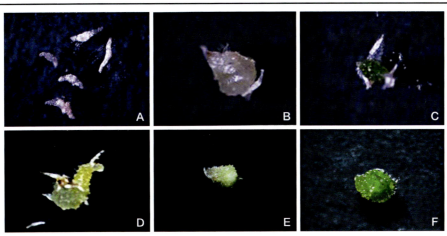

图 7-10 蕙兰种子萌发动态

A. 播种的种子;B. 种胚膨大突破种皮;C. 形成原球茎,开始变绿;D. 原球茎伸长生长至根状茎阶段,变绿,不断伸长;E、F. 原球茎增大

兰科植物一个蒴果中种子数量虽多,但因其无胚乳,胚发育不完全,在自然界很难萌发,常用无菌播种的方法进行繁殖(卢思聪,1985)。兰科植物授粉后种子发育天数是影响其萌发的因素之一,多种兰科植物种子完全成熟后种皮增厚导致透水性下降,抑制胚萌发的物质也会增多,从而影响种子的萌发率(谷海燕 等,2023)。在本试验中,用于无菌播种的是种子发育充分成熟而果皮尚未开裂的蒴果,究其原因一是

果实未开裂有利于外植体消毒,减少污染;二是胚的充分发育成熟利于种子萌发;三是种子过于成熟,种皮会形成抑制萌发的物质,从而影响种子的萌发率。

7.3.2 不同培养基对原球茎增殖的影响

以 MS 为基本培养基,以 6-BA、NAA、蔗糖浓度为三因素设计正交试验,把表 7-6 中 5 号培养基中的原球茎接种到下表养基中,每瓶接种 30 个,每个处理 10 瓶,重复 3 次。记录初始重量,60d 后统计增殖后的重量,增重结果见表 7-7,其根状茎增殖过程如图 7-11 所示。

表 7-7 不同培养基对原球茎增殖的影响

编号	6-BA（mg/L）	NAA（mg/L）	蔗糖（g）	增殖倍数	生长势
1	0.5	0.5	30	4.95 ± 3.32	++++
2	0.5	1.0	40	2.94 ± 0.9	++
3	0.5	2.0	50	2.58 ± 0.95	++
4	1.5	0.5	40	1.93 ± 0.1	++
5	1.5	1.0	50	3.40 ± 1.26	++
6	1.5	2.0	30	3.71 ± 2.38	+++
7	3.0	0.5	50	2.02 ± 1.48	++
8	3.0	1.0	40	3.59 ± 2.13	+++
9	3.0	2.0	30	3.32 ± 1.74	++

注:"+"表示蕙兰原球茎的生长状况,"+"越多表示蕙兰原球茎生长势越好。

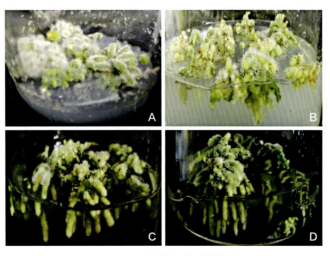

图 7-11 蕙兰根状茎增殖

A~D 分别为培养 25d、35d、45d 和 60d 时原球茎增殖状态

在组织培养过程中常加入含有淀粉、矿物质和植物生长调节剂等的添加物，如土豆泥、蛋白胨、香蕉泥、椰乳等，都能有效促进培养对象的增殖。常用的方法就是提高培养基中的蔗糖浓度，如在培养食用百合鳞茎和诱导马铃薯试管薯中，提高培养基中蔗糖的浓度，都能促进培养对象营养器官的形成和增加重量。但本试验结果表明，增加蔗糖浓度的各组并没有提高增重率，究其原因可能与培养对象的渗透压有关，也可能与培养对象在培养过程中是否能进行光合作用有关，这些方面还有待于进一步深入研究。

7.3.3 不同有机添加物对根状茎增殖的影响

在增殖培养基 MS+0.5mg/L 6-BA+0.5mg/L NAA 中附加有机添加物赖氨酸、水解酪蛋白、维生素 E，将表 7-7 中 1 号培养基中的根状茎随机接种到下表各组培养基中，每瓶接种 10 个，每个处理 10 瓶，重复 3 次。记录初始重量，60d 后统计增殖后的重量，结果见表 7-8，以添加水解酪蛋白效果最佳，其中添加量为 0.1g/L 时，增殖倍数达 5.51。

表 7-8 不同有机添加物对根状茎增殖的影响

编号	添加物	浓度 (g/L)	增殖倍数	生长势
1	赖氨酸	0.10	4.47 ± 2.07	+++
2	赖氨酸	0.30	2.57 ± 0.98	++
3	赖氨酸	0.50	2.18 ± 0.54	++
4	水解酪蛋白	0.05	4.05 ± 3.96	+++
5	水解酪蛋白	0.10	5.51 ± 3.31	++++
6	水解酪蛋白	1.00	4.30 ± 3.86	++
8	维生素 E	0.04	4.64 ± 1.58	+++
9	维生素 E	0.08	2.23 ± 1.21	++
10	维生素 E	0.16	3.27 ± 1.78	++

水解酪蛋白是以天然牛奶蛋白为原料，经盐酸水解、脱色、脱盐、喷雾干燥制作而成，含有 18 种游离的氨基酸，是人、动植物和微生物基本的营养成分，将其添加在培养基中，对丰富培养基的营养成分和改变培养中碳氮比都具有重要的作用（唐链 等，2022）。但在具体使用过程中，还应该考虑下面几个方面的问题：一是增加的成本与培养产出之间的关系；二是经高温高压灭菌之后，培养基 pH 值的改变及氨基酸分解的问题；三是添加的浓度等。

7.3.4 不同培养基对根状茎分化的影响

以 MS 为基本培养基,以 6-BA、NAA、TDZ 为因素设计正交试验,以表 7-8 中第 5 组培养的根状茎为材料,接种到下表各组培养基中,每组 10 瓶,每瓶接种 10 个,重复 3 次,培养 90d 进行数据统计,实验结果见表 7-9,分化过程如图 7-12 所示。

最适合蕙兰根状茎分化的培养基是 5 号,即 MS+0.06mg/L TDZ+3mg/L 6-BA+1.5mg/L NAA,其分化率为 74.6%。

表 7-9　不同培养对根状茎分化的影响

编　号	TDZ	6-BA	NAA	诱芽率	生长势
1	0.02	1.0	0.5	44 ± 1.24	++
2	0.02	3.0	1.0	53.4 ± 2.67	++
3	0.02	6.0	1.5	48.3 ± 2.25	++
4	0.06	1.0	1.0	72.4 ± 1.48	+++
5	0.06	3.0	1.5	74.6 ± 1.49	+++
6	0.06	6.0	0.5	56.3 ± 3.54	++
7	1.0	1.0	1.5	55.6 ± 1.32	++
8	1.0	3.0	0.5	44.8 ± 3.45	++
9	1.0	6.0	1.0	45.3 ± 1.67	++

注:"+"表示蕙兰根状茎上芽的长势,"+"越多表示蕙兰生长状况越好。

图 7-12　根状茎分化过程

A. 分化初期,示不定芽的启动;B. 分化完成,示根状茎上不定芽

在组培过程中植物生长调节剂使用的种类及其浓度配比对培养结果有重要的影响(吴正景 等,2021)。TDZ 是人工合成的具有细胞分裂素和生长素双重功能的调节剂,与其他生长调节剂复配更能促进兰科植物的增殖和分化,从对结果的统计分析来看,对蕙兰根状茎分化影响因素的大小为 TDZ > NAA > 6-BA。

7.3.5 不同培养基对小苗壮苗生根的影响

以表 7-9 中 4 号培养基分化苗为材料，每组 15 瓶，每瓶接种 5 株，进行 3 次重复，45d 后统计生根情况，结果见表 7-10，生根过程如图 7-13 所示。

表 7-10 不同培养基对蕙兰生根的影响

编号	NAA（mg/L）	株高（cm）	生根率（%）	生根数（条）
1	MS+0.1NAA	6.7 ± 2.52	100	2.12 ± 2.1
2	MS+0.5NAA	6.8 ± 3.01	100	3.23 ± 2
3	MS+1.0NAA	8.32 ± 2.68	100	3.34 ± 2.12
4	1/2MS+0.1NAA	7.2 ± 1.64	100	4.36 ± 2.18
5	1/2MS+0.5NAA	8.58 ± 2.47	100	5.375 ± 2.2
6	1/2MS+1.0NAA	8.7 ± 2.61	100	4.66 ± 2

图 7-13 小苗生根过程

由表 7-10 可知，蕙兰分化苗比较容易生根，在 6 组培养基中生根率均达 100%，但各组的生根数、根长和小苗生长情况略有不同。生根壮苗利于提高小苗移栽成活率，低浓度的无机盐能促进根的形成（付秀芹 等，2018）。

7.3.6 不同移栽基质配比对试管苗成活的影响

以表 7-10 中第 4、5 和 6 组试管苗为材料，移栽之前将培养瓶在大棚炼苗 7d，让无菌苗逐渐适应外部环境。炼苗结束后洗净根部附着的培养基，在百菌清 + 多菌灵混合 1000 倍液中浸泡 5min 后晾干，即可进行移栽。共设置 6 组基质配比，每组 6 盘，每盘种植 15 株，各组基质配比见表 7-11。蕙兰小苗定植后要给基质浇透水，放在大棚中养护，浇水时见干见湿，45d 后统计成活率和总体长势，成活以发出新根为依据，成活率和长势如表 7-11 和图 7-14 所示。

表 7-11　不同移栽基质对小苗成活率的影响

序　号	基质配方	成活率（%）	生长状况
1	小号松树皮 (CK)	80.0	长势一般，基质易干燥
2	小号松树皮 + 火山石 (1:1)	75.5	长势一般，基质易干燥
3	小号松树皮 + 锯末 (1:1)	95.0	长势较好，易发新根
4	小号松树皮 + 花生壳 (1:1)	100	长势良好，易发新根
5	花生壳 + 火山石 (1:1)	100.0	长势良好，易发新根
6	锯末 + 火山石 (1:1)	97.0	生长良好，易发新根

图 7-14 小苗移栽成活率

A. 4 号基质配方；B. 5 号基质配方

　　影响小苗移栽成活率的因素包括内因和外因，内因主要与小苗的健壮程度和根数有关；外因与栽培基质、培养环境和日常管理有关（李丽容 等，2009）。由于移栽基质的配方不同，在同等的环境和管理条件下，基质的持水程度是不一样的。蕙兰小苗是肉质根，喜欢透气、疏松但又具有一定持水能力的基质。纯小号松树皮透气性能好，基质之间空隙大，持水能力差，易干燥；火山石干净，轻便，透气性能好，同样持水能力不足，这两种基质与腐熟花生壳或锯末混合，可克服它们易干燥的特点，提高小苗的成活率。当然，如果每种移栽基质都能做到单独管理，浇水能见干见湿，就都能提高移栽的成活率。所以移栽基质配比并没有明显的好坏之分，只要干净、透气、经济、轻便和有一定的持水能力，采用与之相适应的管理方式，就能有效地提高移栽成活率。

7.4 花芽分化解剖学观察

利用石蜡切片技术（曾小鲁 等，1989），对蕙兰花芽进行取材、固定制成切片，利用显微镜对切片进行观察并拍照，探讨蕙兰花芽分化过程。

7.4.1 石蜡切片制作

7.4.1.1 材料固定

在蕙兰花芽分化期间，每隔15d取材1次，清洗干净后吸干水放入FAA固定液中固定。

7.4.1.2 抽气

将固定的材料，放入真空机中进行抽气，直至材料沉入瓶底不再翻动再抽气30min结束，此时可放入番红染液中进行块染。

7.4.1.3 脱水

按70%→80%→90%→95%→无水酒精3次进行梯度脱水，每个浓度梯度处理1.0h。

7.4.1.4 透明

利用二甲苯对切片材料进行透明处理，将侧芽依次放入装有体积比为2/3酒精+1/3二甲苯→1/2酒精+1/2二甲苯→1/3酒精+2/3二甲苯→纯二甲苯→纯二甲苯的容器内进行透明处理，每个处理分别进行1.0h。

7.4.1.5 浸蜡

在常温下将石蜡粉逐步放入二甲苯中，直到饱和，然后放入45℃培养箱中，再逐步加入石蜡粉末，直至饱和后，再按以下顺序在恒温箱中换纯蜡：1/3纯蜡+2/3二甲苯→1/2纯蜡+1/2二甲苯→2/3纯蜡+1/3二甲苯→纯蜡Ⅰ→纯蜡Ⅱ，每级处理1.0h。

7.4.1.6 包埋

用Leica HistoCore Arcadia H包埋机对侧芽进行包埋，先将融化的石蜡倾入包埋模具中，金属质地石蜡模具应预热处理，再用加热的弯曲钝头镊子轻轻夹取已经过浸蜡的侧芽，侧芽切面与底部平齐，侧芽应当平正的置放于包埋模具底部的中央处。在熔蜡表面凝固后，迅速将其放置在包埋机制冷处加速凝固。从包埋模具中取出凝固的包埋蜡块，用刀片去除侧芽周围过多石蜡。将包埋蜡块修整成规则的正方形，并进行编号，贴好对应标签。

7.4.1.7 切 片

将修好的石蜡块放在4℃冰箱中放置24h后再进行切片，厚度为10μm。

7.4.1.8 粘片和干片

将切出的侧芽完整组织先放入75%酒精，再于摊片机40℃温水上将组织展平，用标记好样品名字的洁净载玻片将侧芽组织捞起，使其位于载玻片中央，滴入灭菌过的蒸馏水，让蜡带完全粘在载玻片上，注意不要有气泡和褶皱，并在展片台上60℃烘干载玻片。

7.4.1.9 脱 蜡

将载玻片按顺序放入纯二甲苯20min→纯二甲苯20min→无水乙醇10min→无水乙醇10min→95%酒精5min→90%酒精5min→80%酒精5min→70%酒精5min→蒸馏水洗。

7.4.1.10 番红固绿染色

切片放入番红染液中染色1.0~2.0h，蒸馏水冲洗，洗去多余染料即可；脱色：切片依次入各级梯度酒精中3~8s进行脱色；固绿染色：切片入固绿染液中染色30~60s，无水乙醇三缸脱水。

7.4.1.11 透 明

用二甲苯透明，将载玻片置于1/4 二甲苯 + 3/4 无水乙醇→1/2 二甲苯 + 1/2 无水乙醇→纯二甲苯→纯二甲苯的器皿中（每级20min）。

7.4.1.12 封片与干燥

吸干载玻片上的残留的二甲苯，在载玻片中滴一滴中性树脂胶，盖上盖玻片，室温干燥保存。

7.4.2 观察结果

在尼康光学显微镜下对切片进行观察并拍照。通过观察蕙兰从营养生长转向生殖生长，再到整个花序的形成，蕙兰花芽分化大致可划分为以下几个阶段。

7.4.2.1 叶芽期

叶芽期也叫花分化前期，就是营养芽还没有转化为生殖芽之前的这个时期，此时假鳞茎基部叶腋处的芽点开始萌动，分生组织形成，未出现完整的叶原基或花序原基，生长锥表面平整，无明显的突起，顶端分生组织细胞排列紧密（图7-15A）。

7.4.2.2 花序分化期

由营养生长开始转向生殖生长过程中的标志是生殖生长锥的出现。此时顶端分生组织出现分化，有叶原基和腋芽原基的出现（图7-15B），其上端的细胞排列密集，体积较小，生长速度快；而下端细胞排列疏松，体积较大，生长速度慢。

7.4.2.3 小花分化期

随着花序原基的生长发育，在其顶端的两侧出现小花原基（图7-15C），小花原基细胞不断分裂形成球状突起，该突起部分为小花顶端分生组织。随着时间的推移，花序顶端分生组织细胞不断分裂和两侧的小花原基的进一步发育，一起构成花序锥体（图7-15D）。

7.4.2.4 萼片分化期

花序生长发育方向是由下而上，依次向上逐步生长发育。随着花序的进一步生长发育，顶端分生组织不断形成新的小花原基，而花序基部的小花原基则进行分化，在小花分生组织的基部形成新的突起，即为萼片原基，进一步发育成中萼片和侧萼片（图7-15D、E）。

7.4.2.5 花瓣分化期

随着萼片原基不断生长发育，在萼片原基内侧形成的花瓣原基也在不断分裂分化形成花瓣和唇瓣（图7-15D、E）。

7.4.2.6 合蕊柱和花粉块分化期

花朵的发育方向是由外到内，先形成中萼片和侧萼片，再形成花瓣和唇瓣，最后形成合蕊柱。随着萼片和花瓣的进一步发育，在花瓣的内侧形成新的突起，即为合蕊柱原基。随着合蕊柱原基的生长发育体积逐渐增大，在其上方形成药帽、花药和蕊喙，至此蕙兰花芽分化基本完成（图7-15F）。

7.4.2.7 花的成熟与开花

此时花的各部分均逐渐发育完成，形成幼小的完整花蕾，花蕾逐渐膨大，在完全发育后萼片和花瓣逐渐舒展，合蕊柱显现，植株开始开花。

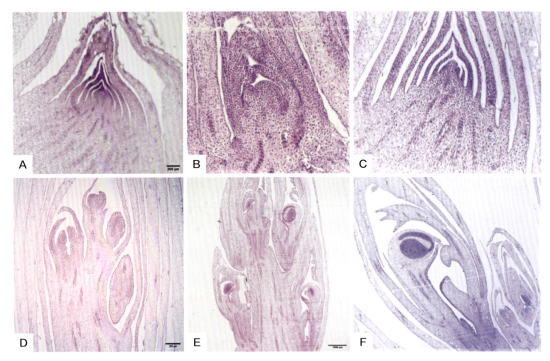

图 7-15 蕙兰花芽分化石蜡切片

A. 腋芽的营养生长锥，示顶端分生组织和苞片；B. 营养生长转向生殖生长转化，示顶端分生组织和腋芽原基；C. 花序原基的形成，示花序原期顶端分生组织和小花原基；D. 花序锥形，示花序原基和小花的生长发育；E. 小花的生长发育，示萼片、花瓣和合蕊柱的生长发育；F. 小花的形成，示中萼片、唇瓣、合蕊柱上的药帽、花粉块和蕊喙

对被子植物花芽的分化，国内外有很多学者都做过这方面的工作（朱国兵，2006；彭芳，2012；张欢，2015），由于花的结构不同，划分花芽分化阶段的侧重点也各不相同，花芽分化过程也略有不同，但总体来说，花芽分化发育过程基本相似，都是由外向内和由下向上分化。本试验将蕙兰花芽分化过程分为叶芽期、花序分化期、小花分化期、花萼分化期、花瓣分化期、合蕊柱和花粉块分化期以及成熟期，是否科学还需要进一步探讨。

在兰科植物花芽分化过程中，龚湉（2016）将寒兰花芽分化时期划分为未分化期、花原基分化期、花序原基分化期、花被片分化期、合蕊柱分化期、花结构完善期等 6 个时期；朱国兵（2006）以寒兰试管苗成花为实验材料，将试管苗花芽分化过程划分为腋芽的形成、花芽的分化、花芽的生长发育、花的成熟与开花等 4 个阶段，二者将花芽分化时期划分不同，可能与实验材料及花芽分化所处的环境不同有关，也可能与在花芽发育过程中所侧重的关注点不同有关。陆楚桥（2020）将'企剑白墨'花芽分化过程分为生长锥发育、苞片原基分化、小花原基分化、萼片原基分化、花瓣原基分化、合蕊柱及花粉块分化等阶段；彭芳和张欢在分别研究文心兰（*Oncidium flexuosum*）和黄花美冠兰（*Eulophia flava*）花芽分化时，都将花芽的发育过程划分为 6 个时期，即分化初始期、花序原基分化期、花蕾原基分化期、花萼原基分化期、花瓣原基分化期和合蕊柱及花粉块分化期等（彭芳，2012；张欢，2015）。兰科植物多为总状花序，大都是先形成花序原基后再形成小花，因此从形态学角度上看小花原基分化期的划分比花蕾原基的划分会更为准确。在相同的科属中，其花芽分化速度的快慢多与物种的生物学特性和所处的生长环境有关，因为我们发现相同科属植物花芽的分化过程并无太大的区别。

蕙兰的结实率高与其花期长及花粉活率和柱头可授性持续时间长有关，也与实验地不缺少传粉昆虫有关。中华蜜蜂是其唯一的传粉昆虫，吸引机制是气味。种子内大胚、小胚、流产胚和空胚率的高低及活性与授粉方式有关。

被子植物花芽分化过程基本一致，无限花序的发育方向是由下而上逐步发育的；花朵的发育方向是由外到内。蕙兰花芽分化可分为 6 个时期，分别为叶芽期、花序分化期、小花分化期、花萼分化期、花瓣分化期、合蕊柱及花粉块原基分化期。花朵发育是先形成中萼片和侧萼片，再形成花瓣和唇瓣，最后形成合蕊柱。

蕙兰种子的活力与授粉后果实发育时间有关，其活力呈抛物线状，到 180d 时，活力达最高值，随后种子的活力下降；成熟果实内种子的活力和贮藏时间成反比，会随着贮藏时间延长，活力逐渐降低，故用于无菌播种的种子以授粉后 120~180d 时，刚摘下来的果实为好。蕙兰种子萌发、原球茎增殖、分化、生根需要选择适当生长素和细胞分裂素的种类及其浓度配比，在培养基中添加适量的有机附加物，有利于培养物的生长。

本研究尚存在许多不足，在以下几个方面还可继续进行深入研究。

蕙兰的有效传粉昆虫为中华蜜蜂，吸引机制为气味。但很多兰属植物在开花过程中，在子房的基部常有水滴悬挂，俗称"兰露"，中华蜜蜂在访花过程中，仍然有舔食兰露的行为，在以后的实验中，应该增加对"兰露"成分或气味的研究，探讨其是否有对中华蜜蜂吸引和帮助传粉的作用。

组织培养技术从 20 世纪 70 年代开始发展到现在，技术十分成熟，近年来研究热点在寻找新的材料替代培养基中的成分来降低成本，同时在开发新的杀菌剂，创造新的培养条件来促进培养对象的生长发育，提高繁殖效率，缩短培养时间。此外，更应该开展共生培养的研究工作，寻找出能促进种子萌发的内生菌。

花芽分化是植物重要的生理过程，本文仅是对蕙兰的花芽分化过程进行了解剖学的研究，在接下来的研究中，可以把花芽分化过程与生理生化和环境生态因子的变化结合起来研究开花调控机理。

撰稿：易伶俐、欧阳园兰，官山国家级自然保护区管理局；
杨美华、黄浪、李莉阳、刘琳、杨柏云，南昌大学

第 8 章　大黄花虾脊兰的回归与保育

8.1　概　况

大黄花虾脊兰（*Calanthe sieboldii*）隶属兰科虾脊兰属（*Calanthe*）。大黄花虾脊兰的花大，花色金黄，具有极高的观赏价值，2001 年在日本东京荣获国际兰花博览会大奖，2005 年在法国第戎获第 18 届世界兰花大会金奖。大黄花虾脊兰的育种潜力巨大，具有良好的商业开发价值。目前在英国皇家园艺学会（RHS）已登录的虾脊兰新品种共 449 个，其中 28 个品种是以大黄花虾脊兰作为亲本，几乎涵盖所有黄色品种（刘海平 等，2020）。

然而，大黄花虾脊兰野生个体数目极少，在中国仅分布于湖南崀山、永州，安徽泾县，江西井冈山、贵溪、九岭山，在国外仅分布于日本南部以及韩国南部一些岛屿（王程旺 等，2018）。2012 年，大黄花虾脊兰被列入《全国极小种群野生植物拯救保护工程规划（2011—2015 年）》中的极小种群野生植物保护名录；2021 年 9 月，大黄花虾脊兰在《国家重点保护野生植物名录》中被列为国家一级重点保护野生植物。因其珍稀濒危程度，大黄花虾脊兰被形象地称为"植物界的金丝猴"。

目前，国内外对于大黄花虾脊兰的研究越来越多。繁殖生物学方面，Park 等 (2000) 发现大黄花虾脊兰的种子在光照下处理的萌发率显著比暗培养的萌发率更低；Bae 等（2015）发现 1.0%NaClO 溶液能显著提高大黄花虾脊兰种子萌发率和原球茎的生长速率。传粉生物学方面，Sugiura 发现大黄花虾脊兰的传粉者为黄胸木蜂（*Xylocopa appendiculata*），余元钧等（2020）发现其传粉者还有赤足木蜂（*Xylocopa rufipes*）和中华绒木蜂（*Xylocopa chinensis*），属于泛化食源性欺骗。张孝然等（2018）对大黄花虾脊兰生存群落特征及影响生长的环境因子进行了研究，发现大黄花虾脊兰生存群落内，其优势地位明显，但竞争不明显，郁闭度、海拔、坡向是影响植株生长最为重要的因子。黄敏等（2022）通过研究发现安徽省野生大黄花虾脊兰的微生境真菌群落在群落结构和组成上有明显的季节变化特征，其植物根存在特有的菌类 *Phialocephala*。余元钧等（2020）在气候变化对中国大黄花虾脊兰及其传粉者适生区的影响研究中表明大黄花虾脊兰分布可能受到未来气候变化和传粉者分布减少的双重影响，其未来的分布区可能向更高海拔地区迁移。李莉阳（2022）通过种间人工杂交研究发现大黄花虾脊兰与同域分布的钩距虾脊兰（*Calanthe graciliflora*）的自然杂交具有不对称性。时锦怡（2022）研究证明大黄花虾脊兰气味的挥发性成分以苯甲酸甲酯、水杨酸甲酯、香芹酮和肉桂醛为主。

8.2　研究内容与意义

大黄花虾脊兰的回归与保育对于扩大该极小种群植物物种的种群数量具有重要的意义。本文从快速繁育技术、内生菌动态变化以及土壤理化性质等方面，开展大黄花虾脊兰的回归和保育研究，研究内容主要包括以下四个方面：①通过无菌播种和共生培养技术繁育种苗，建立其快速繁殖系统；②通过不同的栽培基质、湿度控制和添加NAA等，研究它们对试管苗移栽成活率及生长量的影响，探寻试管苗移栽方法；③通过高通量测序技术了解不同生态因子、不同野外回归年限的大黄花虾脊兰根际微生物的变化特征及其与内生真菌间的互作关系，探讨促进其种子萌发及幼苗生长的关键菌种，并找到影响根际微生物结构一致性的主要环境因子，为大黄花虾脊兰保育提供理论基础与依据；④通过土壤理化性质、大气环境因子、微生物群落和回归种苗生长量间的相关性，明确自然环境下影响回归种苗的生长因素。

8.3　技术路线

本研究所采用的技术路线如图8-1所示。通过无菌播种和共生萌发两条途径建立大黄花虾脊兰的快速繁殖体系。培育的试管苗经过在温室大棚炼苗之后移栽到官山保护区内适宜的生境。通过对回归种苗的生长指标监测、微生物多样性评估和环境因子测定，探究不同回归年限和环境因子对大黄花虾脊兰微生物多样性和生长特性的影响，并制定大黄花虾脊兰的保育策略。

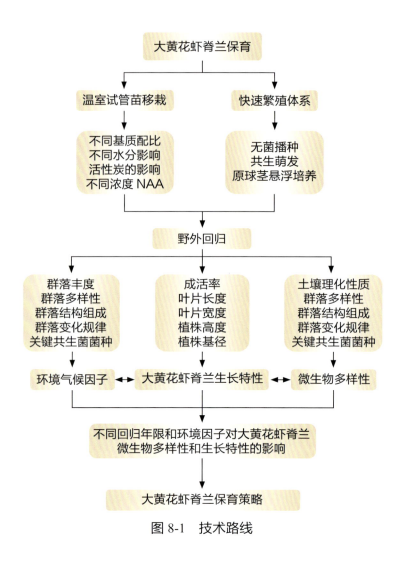

图 8-1 技术路线

8.4 无菌和共生培养研究

8.4.1 种子无菌萌发

根据前期研究，分别采集授粉 120~150d 后的果实，对蒴果表面进行消毒，方法是在洗涤剂和水混合溶液中浸泡 20min，流水缓慢冲洗 10min。然后在超净工作台中，用 75% 乙醇浸泡 30s，0.1% 升汞消毒 8min，灭菌水清洗 3 次以上。切开蒴果取出种子，均匀播撒在下面两组培养基的表面：

① MS+2.0mg/L 6-BA+0.05mg/L TDZ；

② 1/2 MS+0.5mg/L 6-BA+0.05mg/L TDZ+0.05mg/L NAA。

每组 10 瓶。培养光周期为 12h/d，光照强度为 2000~2500lx，温度为（25±2）℃，萌发 15d 以后统计其萌发率。

无菌播种培养约 45d 后，种子吸水后胚明显膨大，突破种皮；75d 后肉眼可观察到原球茎增多；105d 后原球茎明显增大并形成大量叶绿素使得原球茎明显变绿；150d 可见叶芽从叶原基萌出，但根较稀疏，如图 8-2 所示。转接生根培养基 60d 后明显可见生长出较长根系，叶芽分化出 2~4 片新叶，萌发率为（26±4）%，不同授粉方式种子无显著差异，见表 8-1。

表 8-1　大黄花虾脊兰无菌播种萌发情况

培养基种类	视野内平均种子数（粒）	视野内平均萌发数量（粒）	萌发率（%）	萌发时间（d）
①	66±10	17±3	26±4	45
②	65±8	10±2	16±1	160

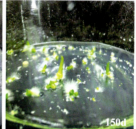

图 8-2　大黄花虾脊兰种子无菌萌发过程

兰科植物的有性生殖侧重于种子的质量而不在于数量。陈洁（2019）通过 TTC 染色法发现撕唇阔蕊兰（*Peristylus lacertifer*）的种子生活力最低为 0%，腐生兰平均的种子生活力也仅有 6%。课题组的前期研究结果证明大黄花虾脊兰种子有胚率通常较低，一般在 26%~52% 之间，其具有活力的种子也仅在 64%~97% 之间，但因其传粉昆虫木蜂因社会发展原因，数量急剧下降，其自然结实率也随之降低。因此，虽然大黄花虾脊兰一个蒴果中的种子可达数万粒，但种子的质量限制着其繁殖能力。

大黄花虾脊兰的种子无菌萌发时间与果实成熟度有一定关系，在种子成熟时无菌播种至其萌发需 150d 以上且发芽率仅达到 18%，无菌播种需 120d 才能突破种皮。本研究通过实验发现使用成熟的种子进行无菌播种，培养至突破种皮仅需 45d，究其原因与培养条件和培养基种类有很大相关性，有待进一步验证。陈洁（2019）通过实验证明钩距虾脊兰的胚仅占种子体积的 8% 左右。蒋雅婷等（2019）通过光镜发现导致无距虾脊兰种子萌发缓慢且萌发率低的原因可能是其膨大的种胚仅由薄壁细胞组成。实验室前期研究发现大黄花虾脊兰的种子有胚率在 26%~52% 之间，但本研究萌发率较低仅达到（26±4）%，其原因尚未明确，还有待进一步研究。

8.4.2 原球茎增殖培养

根据实验室前期研究,将黄绿色的原球茎 7~10 个转入到以下液体培养基中:

③ MS+2mg/L 6 - BA+0.5mg/L NAA;

④ MS+2mg/L 6 - BA+1.5mg/L NAA;

⑤ MS+1mg/L 6 - BA+1mg/L NAA。

摇床转数为 100r/min,每 10d 继代 1 次,培养 30d,每组 60 瓶,然后转接到以下固体培养基中:

⑥ MS+0.5mg/L 6 - BA+2.0mg/L NAA+0.05mg/L TDZ

⑦ MS+1mg/L 6 - BA+1mg/L NAA

每次继代定瓶称重,设置 5 瓶不转入原球茎只加入液体培养基作为对照组(CK),以计算其增殖量。

将诱导获得的黄绿的原球茎转入液体培养基进行液体振荡培养,在第一阶段(30d)振荡培养过程中,发现原球茎只增大不增殖,增长量为每 10d 增长 10%~15%/(重量比)。

液体振荡培养 1 个月后,部分原球茎的会出现褐化现象,将其转入其增殖固体培养基 MS+0.5mg/L 6-BA+2.0mg/L NAA 后,培养 120d,原球茎数量增殖倍率达 12.5 倍(表 8-2)。培养 120d 时,瓶内原球茎基本停止增殖,原球茎均为簇生,如图 8-3 所示。

表 8-2　大黄花虾脊兰原球茎增殖情况

培养基种类	原球茎接种重量(g)	原球茎接种个数(个)	重量增长量(g)	重量增长量(%)	120d 原球茎数(个)	数量增殖倍率
③	5.013	—	1.92 ± 0.62	39.2	—	—
④	4.968	—	1.18 ± 0.49	23.6	—	—
⑤	4.997	—	0.81 ± 0.47	16.2	—	—
⑥	—	30	—	—	375	12.5
⑦	—	30	—	—	111	3.7

图 8-3　大黄花虾脊兰增殖过程

A. 接入液体培养基;B. 振荡培养;C. 增殖培养 30d;D. 增殖培养 120d

大黄花虾脊兰无菌播种方法可以保证种苗的遗传多样性，但存在萌发时间长、萌发率低和成苗周期长等缺点，在一定程度上影响繁育速度和回归进度。李志英等（2014）通过铁皮石斛液体振荡培养体系，加快铁皮石斛繁育，并发现通过此方法繁育的铁皮石斛药效不受影响；毛碧增等（1998）发现液体悬浮培养可以提高彩心建兰的繁殖系数和成苗率。大黄花虾脊兰原球茎分化过程中也发现存在部分原球茎只进行增殖而不进行分化现象，这无疑为其快速繁殖提供了新思路和途径，通过实验发现悬浮培养结合固体培养有助于其原球茎增殖，培养60d增殖效率可达12.5倍。周慧君（2016）对魔帝兜兰进行液体悬浮培养时，发现其原球茎仅在形态学上发生变化，但没有增殖，在大黄花虾脊兰原球茎液体悬浮培养过程中也遇到相似问题，原球茎只增大不增殖并且振荡培养3周后，部分原球茎会出现褐化现象。我们的解决方案是将其转为固体培养，使其继续增殖或分化。关于如何解决大黄花虾脊兰因悬浮培养时间过长而出现褐化的问题，还有待后续进一步研究。

8.4.3 原球茎分化

以MS为基本培养基，将原球茎转接到不同植物生长调节剂配比的分化培养基上，见表8-3，每种培养基接10瓶，每瓶接15~20个原球茎，定期记录分化数。

表8-3 不同配比的分化培养基　　　　　　　　　　　mg/L

组　别	6-BA	NAA	TDZ
A	0.5	0.5	—
B	0.5	1.0	0.05
C	0.5	2.0	0.1
D	1.0	0.5	—
E	1.0	1.0	0.05
F	1.0	2.0	0.1
G	2.0	0.5	—
H	2.0	1.0	0.05
I	2.0	2.0	0.1

转入分化培养基MS+2.0mg/L 6-BA+1.0mg/L NAA+0.05mg/L TDZ，原球茎进入成苗的生长阶段，培养90d后，分化率高达96.0%，成苗过程中侧芽的分蘖能力显著上升，但依旧会有发育不统一，出现部分分蘖不明显的情况，如表8-4和图8-4所示。

表 8-4 不同培养基大黄花虾脊兰原球茎分化情况

组 别	6-BA（mg/L）	NAA（mg/L）	TDZ（mg/L）	接种原球茎数（个）	90d 苗数（株）	分化率（%）
A	0.5	0.5	—	155	71	45.8
B	0.5	1.0	0.05	82	51	62.2
C	0.5	2.0	0.1	82	46	56.1
D	1.0	0.5	—	155	143	92.3
E	1.0	1.0	0.05	153	118	77.1
F	1.0	2.0	0.1	127	94	74.0
G	2.0	0.5	—	133	111	83.5
H	2.0	1.0	0.05	176	169	96.0
I	2.0	2.0	0.1	151	95	62.9

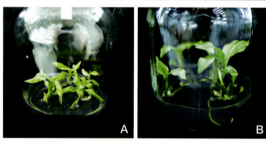

图 8-4 大黄花虾脊兰分化诱导过程

A. 分化诱导培养 30d；B. 分化诱导培养 60d

8.4.4 小苗生根

在实验室前期研究基础上，使用分化后的小苗转接到以 MS 和 1/2MS 为基本培养基，NAA 浓度为 0mg/L 和 0.2mg/L 的生根培养基上，培养条件同 8.4.1，每组接种 30 瓶，每瓶 4 苗，定期记录其生根数。

生根使用培养基 MS+0.2mg/L NAA，原球茎进入生根的生长阶段，培养 90d 后，生根率为 100%，生根过程中以 1/2MS 为基本培养基的分组中存在部分根褐化现象进而导致试管苗死亡，因此生根率较低，如表 8-5 和图 8-5 所示。

表 8-5 不同培养基小苗生根情况

培养基种类	接苗总数（株）	90d 总根数（条）	平均每株根数（条）	生根率（%）
MS	120	168	1.4	43.3
MS+0.2mg/L	120	661	5.5	100
1/2MS+0.2mg/L	120	432	3.6	86.7

图 8-5 大黄花虾脊兰生根诱导过程

A. 生根诱导 30d；B. 生根诱导 60d

8.4.5 种子共生萌发

内生菌分离提纯：采集种群中相隔 10m 以上的野生植株根段及根附近土样并保存。土壤取其浸提液均匀涂布于 PDA 培养基上；根用水清洗后，在超净工作台进行消毒处理。之后使用两种方法分离根中的内生菌，方法一：根段研磨稀释后均匀涂布在 PDA 培养基上；方法二：将根段斜切成 0.5cm，接种于 PDA 培养基上，每个样重复 10 皿。在（25±2）℃黑暗条件下培养 10d，用接种针挑取形态特征不同的菌株接种到新 PDA 培养基进行纯化，直至产生纯培养菌株，对每个菌株进行编号并扩充培养 3 皿。

种子共生培养：共生萌发使用燕麦培养基，从纯化菌株的 PDA 培养基中切出 0.5cm×0.5cm×0.3cm 大小琼脂块，放置在燕麦培养基正中央，在（25±2）℃下黑暗培养，20d 后将消毒后的种子均匀播撒在真菌表面，每组重复 4 瓶，对照组不接种真菌，并记录种子萌发情况。

在实验室前期研究基础上，再从大黄花虾脊兰根段中提纯培养出 52 株具有形态学差异的真菌菌株。编号为 C17 和 C36 的菌株能与大黄花虾脊兰种子产生共生关系，其中 C17 能使种子在 30d 内突破种皮萌发，60d 至原球茎阶段；C36 需 50d 使种子萌发；其余 50 株或对照组中的种子均未明显吸水膨胀，如图 8-6 所示。

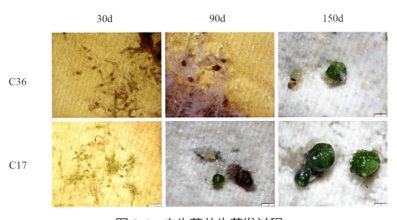

图 8-6 内生菌共生萌发过程

在 2 种可促进大黄花虾脊兰萌发的真菌中，C36 真菌在形态学特征上与丝核菌类（*Rhizoctonia-like*）真菌符合；C17 真菌在形态学特征上与胶膜菌科（Tulasnellaceae）真菌相符合。胶膜菌科和丝核菌类真菌是被普遍认同的兰科植物共生菌种。朱鑫敏等（2012）对促进杏黄兜兰生长的共生真菌通过分子生物学鉴定发现分别为瘤菌根菌属真菌和美孢胶膜菌。Pornpimon 等（2004）从 11 种陆生兰科植物中分离出 7 属 14 种菌根真菌，其中包括胶膜菌属菌株。Sureeporn 等（2010）从 3 个兰科植物属的根段中分离出 27 个类丝核菌菌株。兰科植物菌根内存在众多不可培养菌种，因此通过提取根内真菌菌种进行共生培养的方法具有很大局限性，今后研究中不仅需要结合分子生物学手段弥补其缺陷，也需要将细菌包含在内。

8.5　组培苗温室移栽

8.5.1　不同栽培基质对组培苗生长的影响

为探讨大黄花虾脊兰的适生环境和栽培技术，以无菌播种培养 180d 的组培苗为实验材料，在自然光照室温下炼苗 14d，揭开瓶盖后再炼苗 3d。取出幼苗，用清水洗去根部培养基，然后用中生菌素、甲基托布津和水 2∶1∶1000 混合后浸泡 20min，晾干后移植到 24 方孔育苗穴盘中，每种基质移植 6 个穴盘，各种基质配方如下：

1 号：腐熟花生壳∶腐殖土 = 1∶1；

2 号：腐熟花生壳∶腐殖土∶蛭石 = 1∶1∶1；

3 号：腐熟花生壳∶腐殖土∶树皮 = 1∶1∶1；

4 号：腐熟花生壳∶腐殖土∶腐熟木屑 = 1∶1∶1；

5 号：腐殖土∶树皮∶蛭石 = 1∶1∶1；

6 号：对照组（CK），只加腐殖土。

移栽完成浇透水后，置于光照强度为自然光强的 60%，空气相对湿度为 80% 环境中培养。用游标卡尺测量每株幼苗最大叶片的长度、宽度、高度和基径，作为基本生物量指标，每隔 30d 测量一次，并记录成活率。

移栽后不同基质配比对大黄花幼苗植株生长的影响如表 8-6 和图 8-7 所示：在植株高度方面，可以发现 6 号与其他处理组的差异不明显；不同的基质配比在叶面积和基径方面均有不同程度的影响，但花生壳∶腐殖土∶腐熟木屑 = 1∶1∶1 和花生壳∶腐殖土 = 1∶1 的两组基质配比，显著促进大黄花虾脊兰幼苗的生长成活率分别为 91.2% 和 87.7%。定植 120d 后，4 号基质配比栽培的幼苗平均株高（9.98±1.28）cm，最大叶平均叶长和叶宽分别为（61.10±16.44）mm 和（32.48±7.94）mm，平均基径

（7.15±1.34）mm，均显著高于其他几组。在成活率方面，5号基质配比栽培的幼苗成活率仅有42.8%，显著低于其他几组，主要原因可能是因为蛭石和树皮虽然在很大程度上保证了基质的排水和透气性，但基质中有机质含量偏低，其保水性明显偏低，植株无法吸收到足够其生命活动所必需的营养物质或微量元素。

表8-6 不同栽培基质配比对大黄花虾脊兰组培苗植株的影响

栽培基质配比	成活率（%）	最大叶平均长度（mm）	最大叶平均宽度（mm）	平均基径（mm）	平均高度（mm）
1号	87.7	60.04±16.22	31.43±9.40	7.03±1.09	10.25±2.03
2号	57.4	52.43±12.31	21.85±8.31	6.52±1.74	9.03±1.58
3号	62.6	51.81±9.80	20.42±5.49	6.21±1.81	9.33±1.79
4号	91.2	61.10±16.44	32.48±7.94	7.15±1.34	9.98±1.28
5号	42.8	47.38±8.47	18.71±6.37	5.87±1.92	8.92±2.66
6号	67.3	53.20±11.36	24.97±6.76	6.37±1.57	9.12±1.61

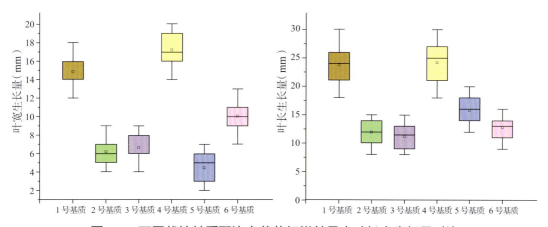

图8-7 不同栽培基质配比大黄花虾脊兰最大叶长宽生长量对比

8.5.2 水分对组培苗生长的影响

实验材料和移栽前处理方式同8.5.1，每个小盆基质质量相等，移植120盆，培养基质为上述1号基质配方。土壤湿度分为3种：土壤最大保水力的90%、60%和30%，土壤保水力用Hilgard法测定。分别加入相应的水分以达到各处理的湿度要求。每3d连盆称重，补充失去的水分。温室栽培条件同上。实验时间为9~12月。叶片生长速率以初始增长率来表示，实验开始前测定株测量其叶长、叶宽、基径和株高，叶绿素含量使用叶绿素仪测定，每30d测量一次并记录其成活率。

不同土壤湿度对大黄花虾脊兰叶片生长和成活率的影响较为显著，见表8-7。当土壤湿度是土壤保水力的 90% 和 60% 时，水分供应充足，叶片生长正常，叶绿素含量小幅度上升，叶片随生长时间而明显伸展。生长 180d 后，两处理之间的叶片生长速率无明显差别最大叶平均长度分别为（83.17±24.94）mm 和（87.93±12.84）mm，最大叶平均宽度分别为（34.13±9.30）mm 和（37.12±7.05）mm。但移植约 15d 后，湿度为 90% 土壤中的部分植株开始出现烂根，幼苗死亡现象，死亡率接近 2%，最终成活率也仅有 57.2%。当土壤湿度下降到土壤保水力的 30% 时，生长 180d 后，最大叶平均长度和宽度为（68.94±10.27）mm 和（32.67±4.61）mm，叶片生长速率与其他处理组相比显著偏慢，叶片稍偏黄，叶绿素含量仅为 49.1%，生长明显受阻。到处理 120d 后开始出现死苗，植株明显较矮小，随干旱时间延长至实验结束死亡率上升至 37.3%。由此可见，土壤湿度为土壤保水力的 90% 和 60% 时，叶片生长正常，但 90% 的土壤湿度会因为湿度太大造成烂根死亡；在土壤湿度 60% 时，植株生长正常，无论在生长、叶绿素含量还是成活率上均呈现出一定优势；在土壤湿度等于或低于 30% 时，会因长时间干旱导致植株叶片偏黄、生长受阻或死亡。

表 8-7　土壤湿度对大黄花虾脊兰组培苗成活率的影响

土壤湿度（%）	成活率（%）	最大叶平均长度（mm）	最大叶平均宽度（mm）	平均基径（mm）	平均叶绿素含量（%）
30	62.7	58.94±10.27	32.67±4.61	6.09±1.56	49.1
60	84.9	77.93±12.84	37.12±7.05	6.56±1.58	73.8
90	41.3	73.17±24.94	34.13±9.30	6.32±1.58	57.2

8.5.3　活性炭和 NAA 对组培苗生长的影响

实验材料和移栽前处理方式同 8.5.1，每种基质移植 5 个穴盘，培养基质为上述 1 号基质配方。NAA 浓度分别为：100mg/L、200mg/L、300mg/L、400mg/L、500mg/L 和 CK，以种植前快蘸 15s 的方式处理；活性炭以浇水形式处理，活性炭 : 水 =1 : 1000，每 15d 浇一次，对照组（CK）不做任何处理，温室栽培条件同上。每 30d 测量其叶长、叶宽、基径和株高并记录成活率。

在一定程度上，活性炭对栽培基质的理化性质具有一定的影响，包括土壤容重、土壤含水量、土壤保水性、土壤孔隙度和土壤养分含量等。但从表 8-8 中可以看出活性炭对大黄花虾脊兰生长的影响并不显著；300mg/L 的 NAA 溶液快蘸处理组的生长时间和速率明显快于其他处理组，180d 后成活率达 85.1%，叶长可达（74.60±12.82）mm；500mg/L 浓度 NAA 处理组，在生长方面与其他处理组差异不大，但成活率明显更低，其原因可能是 NAA 抑制了其生根，导致成活率降低。分析可知，活性炭改变了其土壤容重，并且增加了其透气性和保水能力，但是同时也因为活性炭的吸附能力，只是保证了土壤的养分和湿度,但养分和水分难以被幼苗吸收,导致活性炭在大黄花虾脊兰幼苗生长方面无明显优势,但不可否认的是活性炭对栽培基质的改善存在一定优势;适当浓度的 300mg/L NAA 溶液可以加快幼苗进入生长期,促进幼苗生长提高移栽成活率,有助于栽培成苗;NAA 浓度高于 500mg/L 时,会抑制幼苗生根,成活率降低。

表 8-8 NAA 浓度和活性炭对大黄花虾脊兰移栽苗生长的影响

NAA 浓度和活性炭配比	成活率(%)	最大叶平均长度(mm)	最大叶平均宽度(mm)	平均基径(mm)
500mg/L	54.8	62.11 ± 9.13	30.12 ± 4.92	6.02 ± 1.56
400mg/L	67.4	64.21 ± 15.80	33.24 ± 7.19	5.98 ± 1.40
300mg/L	85.1	74.60 ± 12.82	39.19 ± 4.31	7.52 ± 1.21
200mg/L	72.6	67.33 ± 14.67	31.65 ± 5.22	6.35 ± 1.09
100mg/L	68.4	64.05 ± 11.58	32.83 ± 4.87	7.64 ± 2.01
500mg/L+ 活性炭	57.2	62.39 ± 10.15	31.71 ± 6.20	5.88 ± 1.83
400mg/L+ 活性炭	66.3	60.84 ± 14.33	29.81 ± 5.02	6.30 ± 1.12
300mg/L+ 活性炭	83.7	76.91 ± 11.46	38.12 ± 6.75	7.66 ± 1.30
200mg/L+ 活性炭	74.8	68.10 ± 8.81	35.33 ± 4.67	6.41 ± 1.52
100mg/L+ 活性炭	66.4	66.38 ± 7.59	34.26 ± 5.30	5.87 ± 1.92
活性炭	71.4	68.26 ± 13.09	31.94 ± 6.81	6.03 ± 1.71
CK	64.3	67.79 ± 12.30	32.03 ± 5.70	5.89 ± 1.86

叶片是植物生理生活中的重要部分,植株对栽培环境变化的响应会从叶片的形态结构特征中表现出来,因此实验主要通过测量叶片数据来呈现结果。栽培结果表明,最适合大黄花虾脊兰组培苗生长的基质为腐熟花生壳:腐殖土:腐熟木屑 =1:1:1,与其他处理组相比,该组和 1 号基质土壤有机质含量较高,可见土壤有机质含量是影响试管苗移栽的重要因子;土壤含水量为 60% 时成活率最高;300mg/L 的 NAA 溶液可以加快幼苗进入生长期,提高成活率,有助于栽培成苗。董艳莉(2006)发现不同的施肥条件对杏黄兜兰的叶片长度有一定影响,但对叶宽却几乎没有影响。土壤理化性质与大黄花虾脊兰生长相关性分析结果也表明其生长与土壤中各元素含量存在显著相关性。蝴蝶兰试管苗移栽及其快速成苗的方法相对成熟,其施肥原则遵循"薄肥勤施"并根据物候期选择肥料种类。本实验未能进行不同光照和施肥条件等对大黄花虾脊兰生长影响的探究,因此,针对如何施肥能够促进其生长以及促进其开花的问题还有待进一步实验研究。

8.6 组培苗野外回归

实验材料为温室中移栽培养300d左右的组培苗，用游标卡尺测量每株幼苗最大叶片的长度、宽度、高度和基径，作为基本生物量指标。移植地点、时间及数量详见表8-9，选择靠近水源、土壤腐殖质含量较高的坡地，并记录各区域的经纬度。定植一段时间后，分别对回归幼苗的最大叶长宽、基径、高度和存活率进行测量统计，并下载其最近气候观测站点的气候数据，观察野外环境对幼苗生长的影响。

表8-9　大黄花虾脊兰种苗在江西官山自然保护区的野外回归时间及数量

大黄花虾脊兰种苗回归地点	种苗回归时间（年.月.日）	种苗数量（株）
官山保护区	2021.10.9	1325
官山保护区	2022.1.9	100
官山保护区	2022.6.25	500
官山保护区	2022.8.6	200
官山保护区	2023.2.24	300
官山保护区	2023.3.17	300
总　计		2725

目前我们在江西官山、井冈山、资溪、靖安、信丰、瑞金、贵溪、婺源，以及安徽泾县、湖南新宁和南岳区野外回归大黄花虾脊兰共11634株，成活率达66.8%（表8-10）。大黄花虾脊兰组培苗经过180d移栽后，共测量2126株，最大叶平均长度和宽度分别为（48.8±11.0）mm和（17.4±4.9）mm。野外回归90d后部分移栽地点的幼苗有明显被未知野生动物破坏，因此不计入统计，其余地点存活率总计为89.6%。2022年4月，于官山保护区野外回归的大黄花虾脊兰第一次开花（图8-8F）。2022年，因极端天气影响，多数移栽地点的幼苗因干旱或霜冻大量死亡，导致成活率直线下降，如江西省瑞金市和资溪县其成活率分别仅有37.4%和33.1%（图8-8G、表8-10）；其中安徽省泾县的移栽幼苗几乎不受影响，360d后成活率达98%，平均叶长和叶宽为（173.01±13.05）mm和（92.65±3.41）mm；湖南省崀山和婺源森林鸟类自然保护区受疫情影响，未能进行数据测量。2022年9月之前，未受野生动物破坏的幼苗成活率达76.4%。

表 8-10　大黄花虾脊兰组培苗在不同回归样地回归 360d 后的生长情况

回归区域	数量（株）	成活率（%）	平均叶长（mm）	平均叶宽（mm）	植株高度（mm）
安徽省泾县	350	98	173.01 ± 13.05	92.65 ± 3.41	11.66 ± 1.33
湖南省新宁县	5050	—	—	—	—
湖南省南岳区	300	61	102.74 ± 18.01	63.51 ± 13.71	9.48 ± 1.71
江西省井冈山	1461	72.2	109.22 ± 9.38	74.28 ± 11.47	10.65 ± 1.12
江西省瑞金市	230	37.4	75.61 ± 7.14	45.62 ± 3.96	8.61 ± 2.37
江西省信丰县	300	45.7	79.94 ± 11.62	52.37 ± 5.42	8.87 ± 1.95
江西省资溪县	550	33.1	116.51 ± 19.20	64.33 ± 9.80	8.38 ± 1.12
江西省婺源县	100	—	—	—	—
江西省宜丰县	2725	79.3	149.84 ± 17.79	84.20 ± 10.43	10.46 ± 1.77
江西省靖安县	350	56	84.16 ± .37	63.84 ± 4.52	8.82 ± 1.51
江西省贵溪市	218	49.1	112.60 ± 14.91	83.41 ± 9.87	9.41 ± 2.03
总　计	11634	66.8			

图 8-8　大黄花虾脊兰炼苗与回归过程

A. 炼苗；B. 移栽温室；C. 原生境定植；D. 回归 1 年；E. 回归 2 年；F. 回归苗开花；G. 干旱致死；
H. 幼苗被植食者切断

大黄花虾脊兰自然回归结果表明，其适应自然环境后，大黄花虾脊兰野外回归苗的形态生长情况与野生植株物候期相吻合；2007年1月16日，国家林业局、中国野生植物保护协会宣布杏黄兜兰（*Paphiopedilum armeniacum*）回归成功，其野生居群逐渐恢复。2022年4月，野外回归的大黄花虾脊兰第一次开花，这标志着大黄花虾脊兰野外回归工作的成功；2023年3月17日，于官山保护区观察到回归苗再次分化出花芽，长出花苞，这意味着大黄花虾脊兰回归苗已经能够进行种群自然更新繁衍。Salam等（2018）通过微繁殖和野外回归相结合的方式，将珍稀濒危植物*Castilleja levisecta*回归成功。在物种多样性丰富度较高的地区，经常会发生突发性的情况，大黄花虾脊兰回归过程中，观察到有植食者如野兔、黄麂或杂食性动物如野猪等对幼苗和花序的啃食或对回归地的翻拱破坏，尤其是后者经常导致整个回归区域的植株覆灭，对野生种群生长繁殖和野外回归工作产生了较大的影响。因此，我们在野生动物较为泛滥的回归区域采取整地建围栏的保护式回归方式，部分地区采取整地建围栏结合拟原生的半自然回归方式。梁娜等（2012）运用AT89C51单片机为控制核心，选用温湿度传感器和光频转换器等仪器对杏黄兜兰进行环境监测。西双版纳国家级自然保护区对野生兰科植物进行了3年连续动态监测，发现兰科植物种群数量波动主要是因为人为破坏。杨琪（2013）对两种生态型的五唇兰（*Phalaenopsis pulcherrima*）进行连续2年动态监测，发现其平均花序数存在显著差异，并发现共生真菌对回归植株的成活影响较大。由此可见，种群动态监测也是物种保育中必不可少的研究工作，本研究在这方面有所欠缺，未能与现代科技相结合，有待后续长期跟进监测。

8.7 回归种苗根系微生物多样性研究

采集回归1年、2年、3年的大黄花虾脊兰的根系和根系土壤，研究根系和根系土壤微生物随着回归时间的增加而产生的变化。

根的取样方法：采样时，挖开植株根部土层，暴露根系及假鳞茎，选取颜色较深、表面无明显病斑的老根5~7段，每段长5~8cm，和新根7~9段，每段长3~5cm，轻轻抖落大块泥土，用自封袋装好，写好标签，冷藏，带回实验室。先用75%酒精浸泡1min，然后转入2.5%次氯酸钠溶液中浸泡5~10min，接着无菌漂洗2~3次，再用无菌滤纸吸干植物表面水分,进行如下操作：于超净台上,将根横截成长度为1~1.5cm的根段，每个样品1~4g，4次生物学重复，液氮/干冰保存，用于根系微生物多样性Illumina扩增分析。不同生境取样，记录其GPS位置。

根际土壤的取样方法：将距离根系表面0~1cm的土壤视为根际土壤，采用抖落的方法，经2mm土壤标准筛过筛后存于无菌离心管中；然后用刷子把根上附着的土壤刷下来并收集，并合并之前的土壤，装入 15mL 离心管中，用纱袋套住并标记，迅速放入液氮/干冰中冷冻保存，重量为 4~6g 左右，每组 4 个重复，用于根际土壤微生物多样性 Illumina 扩增分析。采集样本时保持样本一致性，尤其是同一组样本。所有样品采集完成后，送至上海派森诺生物科技股份有限公司进行菌根和根际土壤微生物多样性 Illumina 扩增分析，方法如下：

首先，采用 OMEGA Soil DNA Kit（D5625-01）试剂盒提取核酸，完成后进行 0.8% 琼脂糖凝胶电泳进行分子大小判断，利用紫外分光光度计对 DNA 进行定量。其次，选用标准真菌 16S ITS1(b) 特异性引物 ITS1F（5′-CTTGGTCATTTAGAGGAAGTAA-3′）、ITS2（5′-GCTGCGTTCTTCATCGATGC-3′）、标准细菌 16S rRNA V5-V7 区特异性引物、799F（5′-barcode+ACTCCTACGGGAGGCAGCA-3′）、1193R（5′-GGACTACHVGGGTWTCTAAT-3′）进行 PCR 扩增。利用 Quant-iT PicoGreen dsDNAAssay Kit 对 PCR 产物定量，然后按照每个样品所需的数据量进行混样以进行文库构建；最后，进行文库质检与测序，通过与 Greengenes 数据库中的参考序列相比对保留，获取每个 ASV 所对应的分类学信息进行数据分析。

8.7.1 回归年限对大黄花虾脊兰根内真菌群落丰度的影响

本研究中，大黄花虾脊兰根内真菌群落丰度变化情况如图 8-9 所示。总体来说，根内真菌丰度差异不显著，但随回归年限的增加呈现逐步上升的趋势。回归 2 年（Root3），根内真菌群落丰度与温室移栽和回归 1 年的相比，出现较为显著的差异，ASV 数目达到 152；回归 3 年的 ASV 数目为 147。野生植株（Root5），根内真菌群落丰度最高，达到 173。

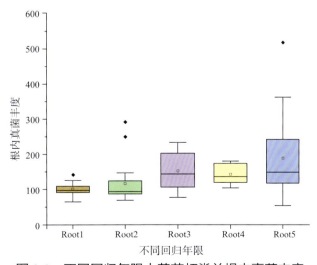

图 8-9　不同回归年限大黄花虾脊兰根内真菌丰度

Root1. 温室移栽；Root2. 回归 1 年；Root3. 回归 2 年；Root4. 回归 3 年；Root5. 野生居群

8.7.2 不同回归年限对大黄花虾脊兰根内真菌群落组成的影响

根据鉴定结果，去除低质量序列并去噪后共获得 12475948 条有效序列；拼接并去除嵌合体后共获得 11807857 条高质量序列，所有样品中的序列长度分布在 118~439bp 间，平均序列长度为 245bp。其中，来自根内中的共 5954294 条（占 50.4%）高质量序列，样品中序列长度分布在 141~439bp 之间。通过物种分类学注释，得到序列在不同分类水平的 ASV 数目，包括 20 门 23 纲 47 目 28 科 76 属 121 种，其中在门水平上，子囊菌门（Ascomycota）和担子菌门（Basidiomycota）为优势菌门，随着回归年限的增加，子囊菌门的丰富度呈上升趋势而担子菌门的丰富度呈下降趋势（图 8-10）；在纲水平上，粪壳菌纲（Sordariomycetes）和散囊菌纲（Eurotiomycetes）为优势菌纲；在目水平上，肉座菌目（Hypocreales）和刺盾炱目（Chaetothyriales）为优势菌目；在科水平上，对独脚金内酯有趋化作用的 Herpotrichiellaceae 为优势菌科；如图 8-11 所示，在属水平上，随回归年限的增加内生真菌的群落丰度逐渐增加，Root1 的优势菌属为木霉菌属（*Trichoderma*）、氯霉属（*Chloridium*）和轮枝孢属（*Pochonia*），Root2 的优势菌属为泊氏孔菌属和具有一定固氮和促生作用的镰刀菌属（*Fusarium*）以及具有能分泌抑制病原菌活性的代谢产物作用的氯霉属，Root3 的优势菌属为 *Cladophialophora*、*Paraboeremia* 和具有降解纤维素、半纤维素功能的轮枝孢属，Root4 的优势菌属为 *Cladophialophora*、木霉菌属和氯霉属；Root5 的优势菌属为木霉菌属、*Cladophialophora* 和分枝杆菌属（*Mycothermus*）。由此可发现，具有增强植物根系生长发育、提高植物抗性以及根系对营养物质的吸收和利用的作用的木霉菌属普遍存在与回归植株和野生植株根内。

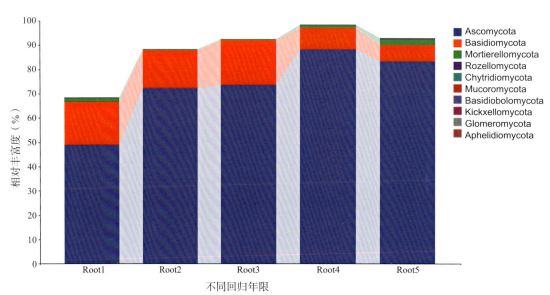

图 8-10　不同回归年限的大黄花虾脊兰内生真菌门水平相对丰富度

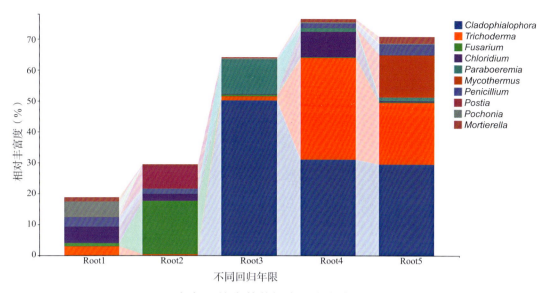

图 8-11　不同回归年限的大黄花虾脊兰内生真菌属水平相对丰富度

在 5 个分组类别中有 8 个共有的 ASV 数目（图 8-12），它们分属于 *Saitozyma*、*Tolypocladium*、镰刀菌属、氯霉属的真菌，其中 *Saitozyma* 真菌在所有样品的根中均有发现，*Tolypocladium* 是具有抗细菌活性的菌属；镰刀菌属是能够促进金沙江石斛萌发的真菌。此外在各处理组中还存在不同数量的共有的和其特有的 ASV，说明不同生长年限的根内的真菌群落组成结构各不相同。

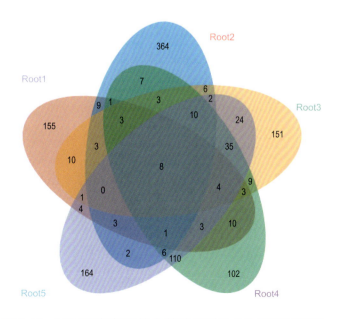

图 8-12　不同回归年限的大黄花虾脊兰共生真菌韦恩图

8.7.3 回归年限对大黄花虾脊兰根内细菌群落丰度的影响

本研究中,大黄花虾脊兰根内细菌群落丰度变化情况如图 8-13 所示。总体来说,细菌丰度差异不显著,但随回归年限的增加呈现逐步上升的趋势。回归 2 年（Root3）,细菌群落丰度与温室移栽（Root1）和回归 1 年（Root2）的相比,出现较为显著的差异,ASV 数目达到 3273;回归 3 年的 ASV 数目为 3112。野生植株（Root5）,根内细菌群落丰度达到最高,为 3697。

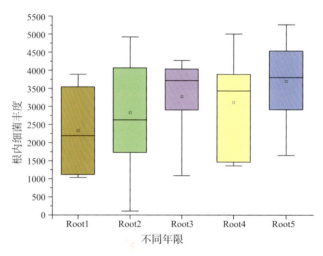

图 8-13　不同年限大黄花虾脊兰根内细菌丰度

8.7.4 不同回归年限对细菌群落组成的影响

根据鉴定结果,去除低质量序列并去噪后共获得 13942621 条有效序列;拼接并去除嵌合体后共获得 7253455 条高质量序列,所有样品中的序列长度分布在 144~404bp 间,平均序列长度为 377bp。其中,来自根内中的共 3983068 条（占 54.9%）高质量序列,样品中序列长度分布在 144~404bp 之间。通过物种分类学注释,得到序列在不同分类水平的 ASV 数目,包括 146 门 376 纲 647 目 843 科 1994 属 63 种,其中在门水平上,变形菌门（Proteobacteria）（53.08%）和 Actinobacteria（24.17%）为优势菌门,随回归年限的增加,变形菌门的种群丰富度呈现逐渐减少的趋势,如图 8-14 所示;在纲水平上,γ-变形菌纲（Gammaproteobacteria）和 α-变形菌纲（Alphaproteobacteria）为优势菌纲;目水平上,根瘤菌目（Rhizobiales）和 β-变形菌目（Betaproteobacteriales）为优势菌目;在科水平上,伯克氏菌科（Burkholderiaceae）和黄色杆菌科（Xanthobacteraceae）为优势菌科;在 5 个不同回归年限的细菌群落属水平上,其优势菌种分别为:温室移栽和回归 1 年的细菌群落的优势菌属为伯克霍尔德氏菌属（*Paraburkholderia*）和根瘤菌属（*Bradyrhizobium*）;回归 2 年的根内细菌群落的优势菌为根瘤菌属和分枝杆菌属（*Mycobacterium*）；回归3年的根内细菌群落的优势菌为伯克霍尔德氏菌属、根瘤菌属和热酸菌属（*Acidothermus*）；野生植株的根内细菌群落的优势菌为类芽孢杆菌属（*Paenibacillus*）、假单胞菌属（*Pseudomonas*）和根瘤菌属，如图8-15所示。伯克霍尔德氏菌属和根瘤菌属是所有5个分组中的优势菌。

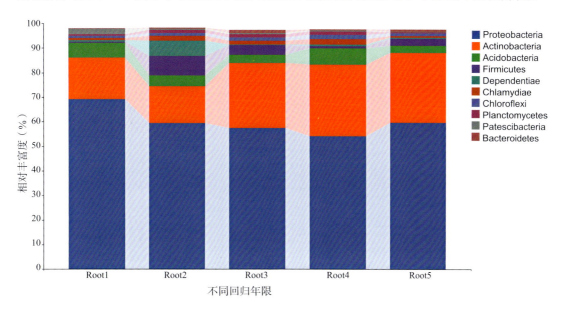

图 8-14　不同回归年限的大黄花虾脊兰根内细菌门水平相对丰富度

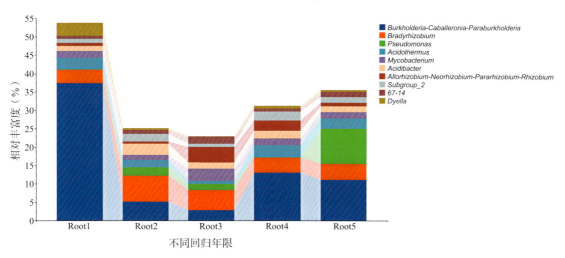

图 8-15　不同回归年限的大黄花虾脊兰根内细菌属水平相对丰富度

在5个不同回归年限的根中，通过维恩图发现，如图8-16所示，5个分组中有365个共有的ASV，这说明每个阶段都有相似的细菌群落；此外在各处理组中存在大量其特有的ASV也有不同数量的共有的ASV，这说明不同处理组中的根内的细菌组成

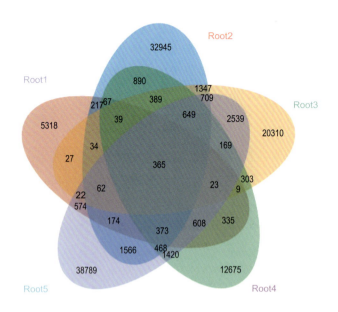

图 8-16 不同回归年限的大黄花虾脊兰根内细菌韦恩图

各不相同。通过分类组学分析，发现内生细菌丰度值 TOP10 在 5 个不同回归阶段中，只有优势菌种的细菌丰度出现波动性变化趋势，其余菌种丰度值基本保持一致。

  本部分为不同回归年限对大黄花虾脊兰菌根真菌多样性的影响，担子菌门和子囊菌门是大黄花虾脊兰根内优势菌门，*Saitozyma* 是所有样品中唯一的共有真菌。结果表明，不同回归年限，内生真菌群落系统发育组成和构成差异，其主要原因在于当植株内生菌多样性达到顶峰后，随植株发育成熟，只会选择共生效益最佳的真菌。这些优势菌属与全球其他研究者对兰科植物菌根真菌的相关研究结果相一致，如枝孢霉属在绥草中较为常见，是白及幼苗的菌根真菌（唐颖，2020）；木霉菌属广泛存在于二叶舌唇兰（*Platanthera chlorantha*），长苞头蕊兰（*Cephalanthera longibracteata*）和羊耳蒜（*Liparis campylostalix*）根中（蒋玉玲，2018），其分泌物能够降解对根有害的氰化物，还具有维持植物健康和促进植物生长的作用（Harman et al., 2004）；不同回归年限中参与其代谢活动的真菌种类和活跃度有一定差异，这与黄敏等（2022）的实验结果相符。Rasmussen（2002）认为兰科植物的整个生命周期对真菌均具有一定的依赖性，但幼苗时期的依赖性最强，但随植株发育成熟，兰科植物只会选择共生效益最佳的真菌，这与微生物群落共现网络分析结果回归 1 年和野生大黄花虾脊兰的真菌网络结构更复杂节点关联性更强相一致。同时，也在一定程度上解释了为什么大黄花虾脊兰根内优势共生菌的丰度会随着发育时间的增加而增加，也在一定程度上解释了大黄花虾脊兰在发育过程中会有部分优势菌种被其他菌种所替代的原因。

兰科植物与微生物密不可分,在其体内已经形成缩小版的生态系统。近年来,兰科植物与内生细菌多样性及其促生作用的研究也逐渐成为热点,如小沼兰、文心兰、石斛、华石斛和五唇兰等兰科植物。金辉等(2007)发现不同生境下的兰科植物根内细菌群落丰度变化较小;本研究在大黄花虾脊兰细菌群落组成中也发现类似情况,温室栽培和回归植株的优势菌属为伯克霍尔德氏菌属和根瘤菌属,野生植株的优势菌属为类芽孢杆菌属、假单胞菌属和根瘤菌属,各处理组 Top10 的细菌种类差异不大,各菌种仅在丰度上出现波动。类芽孢杆菌属细菌是具有固氮和分泌生长素等功能的植物根内促生细菌,假单胞杆菌属细菌在春兰、石斛和蕙兰中均属于优势属。上述两种细菌均为野生大黄花虾脊兰根内的优势菌种,回归 2 年的大黄花虾脊兰的细菌丰度出现较大的波动,其中波动最大的菌属为伯克霍尔德氏菌属,该菌属具有帮助植物固氮和潜在促生能力;孙磊等(2011)发现类芽孢杆菌属细菌在春兰根中为其分泌 IAA,促进其生长发育、缩短开花周期;细菌群落网络共现分析结果显示类芽孢杆菌属细菌为野生植株的关键菌属,但其在大黄花虾脊兰根中是否会分泌 IAA 及其影响植株生长的机制还有待通过深入地研究验证。细菌多样性与生长量和土壤理化性质结果表明,热酸菌属、*Haliangium*、伯克氏菌属、根瘤菌属、*Haliangium*、*Paenibacillus* 和分枝杆菌属以及芽孢杆菌属(*Bacillus*)的相对丰度与均与大黄花虾脊兰生长和土壤理化性质具有显著相关关系,是其关键作用的菌种,这些菌属中大部分都是已经被报道的对植物有利的辅助细菌,但其在大黄花虾脊兰生长发育过程中的作用机制及其地位尚不明确,有待进一步研究。

8.8 影响大黄花虾脊兰回归苗生长的环境因子研究

8.8.1 土壤理化性质

取样方法:在 5m×5m 的样方中采用对角线五点法,在每个样地用环刀取土用于土壤物理性质测定,同时取 0~10cm 土层混合土样,去除根系和石头等,室内风干,过 2mm 筛后用于土壤物理化学性质测定分析。

分析方法:土壤 pH 值采用(水:土 = 5:1)pH 计法测定;有机质采用重铬酸钾—外加热法测定;全氮采用全自动凯氏定氮仪法测定;全磷采用 $HClO_4$—H_2SO_4 熔融—分光光度比色法测定;全钾采用酸溶(HF—$HClO_4$)火焰原子吸收分光光度法测定;碱解氮的测定采用碱解扩散法测定;速效磷采用 0.5mol/L $NaHCO_3$ 浸提—钼锑抗分光光度法测定;速效钾的测定采用 1mol/L CH_3COONH_4 浸提—火焰原子吸收分光光度计法。

8.8.2 生物量气候数据与生长状况的关系

第一，获取大黄花虾脊兰回归 360d 的生长数据、死亡率，回归地的经纬度、海拔、郁闭度、光照强度；第二，从中国气象数据共享服务网、国家气象科学数据中心和中国气象局实时产品数据集陆地表面数据同化系统等网站收集 8 个回归地 360d 的逐日气象数据和 19 个生物气候变量值，并进行严格的质量控制和检验；第三，通过实验获得土壤理化性质数据以及测序获得微生物丰度数据；最后，利用 SPSS 软件 Pearson 相关系数分析大黄花虾脊兰生长、成活率与各环境要素之间的关系，分析不同生境下气候条件对大黄花虾脊兰生长状况和死亡率影响。

用 Pearson 相关性分析大黄花虾脊兰共生真菌群落相对丰度与生长量之间的关系，结果见表 8-11。在属水平上，青霉属（*Penicillium*）和杯梗孢属（*Cyphellophora*）相对丰度与叶长生长量呈现显著正相关关系；木霉属（*Trichoderma*）真菌相对丰度与叶宽生长量呈现显著正相关关系；青霉属是能有效抑制根腐病病原菌。用 Pearson 相关性分析共生真菌群落相对丰度与土壤理化性质之间的关系，结果见表 8-12。在属水平上，青霉属和杯梗孢属真菌相对丰度与土壤有机质含量成显著正相关；枝孢霉属（*Cladosporium*）、氯霉属、外瓶霉属（*Exophiala*）和曲霉菌属（*Aspcrgillus*）相对丰度与土壤速效磷含量成显著负相关；瓶毛壳属（*Lophotrichus*）相对丰度与土壤速效磷含量成显著正相关。

用 Pearson 相关性分析大黄花虾脊兰根内细菌群落相对丰度与生长量之间的关系，结果见表 8-13、表 8-14。在属水平上，热酸菌属（*Acidothermus*）的相对丰度与叶长生长量呈现正相关关系，P 值为 0.073；*Haliangium* 相对丰度与叶宽生长量呈现显著正相关关系。在土壤理化性质方面，伯克霍尔德氏菌属（*Paraburkholderia*）的相对丰度与土壤 pH 值呈正相关；热酸菌属细菌的相对丰度与土壤有机质含量呈正相关关系；伯克霍尔德氏菌属、根瘤菌属（*Bradyrhizobium*）、热酸菌属、*Haliangium* 和 *Paenibacillus* 的相对丰度与土壤速效磷含量呈显著负相关关系，分枝杆菌属和芽孢杆菌属（*Bacillus*）相对丰度与土壤速效磷含量呈显著正相关关系。

利用 SPSS 20 软件的 Pearson 相关性分析大黄花虾脊兰回归植株生长量和成活率与环境因子之间的相关性。通过表 8-15、表 8-16 发现，各生物学指标间存在显著相关性，同时各土壤环境因子和气候环境因子间也存在一定的显著相关性。其中，成活率与土壤全氮和速效磷含量呈现显著的正相关性，与全钾、全磷、全碳和碱解氮间存在显著负相关性；叶长生长量与土壤碱解氮含量呈现正相关性，与年平均气温和最冷月最低温度呈现显著负相关性；叶宽生长量与土壤速效磷含量、年平均温差、最干月降水量和最干季降水量呈显著正相关性，与年平均气温、最冷月最低气温和最冷季平均气温呈显著负相关性；植株高度与全磷、全碳、速效磷和碱解氮呈显著正相关性，与最湿季平均气温呈负相关性。

综上所得，各环境因子间存在的显著相关性，土壤速效磷含量是影响大黄花虾脊兰植株成活率和生殖生长的最关键环境因子；年平均气温及其他气温相关变量和降水相关变量是影响大黄花虾脊兰植株生长关键气候因子；但各生物学指标间存在显著相关性，而影响大黄花虾脊兰植株生长的因子并不是独立存在的，因此在大黄花虾脊兰回归过程中，不能单独对土壤有机质含量或其他环境因子进行分析，需要综合考虑，才能达到最好的回归保育工作。

土壤理化性质和气候因子相关性分析结果表明，速效磷与大黄花虾脊兰回归植株各生物量均成正相关，土壤速效磷含量不仅是影响大黄花虾脊兰生长发育的关键环境因子，也是影响微生物多样性的关键环境因子；温度相关变量和降水相关变量是影响大黄花虾脊兰植株生长和分布的关键生物气候因子。吕立新等发现不同季节的茅苍术内生菌种群丰度和结构存在一定差异；黄敏等（2022）发现随着大黄花虾脊兰根距离的增加，其微生物多样性和丰度逐渐递减；任玉连等（2018）发现土壤中的养分、水分等随季节变化而变化，而这些土壤理化性质与土壤微生物多样性、丰度和群落结构等均密切相关。因此，不同回归年限大黄花虾脊兰根内微生物种群结构和组成上具有显著差异的原因为以下三点：一是不同生长年限的大黄花虾脊兰的共生菌种类和结构存在差异，影响土壤的微生物群落结构；二是受土壤理化性质的影响；三是采集各土壤样品时，没有采集与根部相同距离的土壤。

表 8-11　大黄花虾脊兰根内真菌群落与生长量和土壤理化性质相关性分析

		叶长	叶宽	Cladophi-alophora	Parabo-eremia	Mortie-rella	Trichod-erma	Chlori-dium	Fusari-um	Trechi-spora	Exophi-ala	Asperg-illus	Penicil-lium	Cyphel-lophora	Lophot-richus	Tolypo-cladium	Saitoz-yma
叶　长	Pearson 相关性	1.00															
叶　宽	Pearson 相关性	0.831**	1.00														
Cladophialophora	Pearson 相关性	0.31	0.43	1.00													
Paraboeremia	Pearson 相关性	-0.05	0.34	0.12	1.00												
Mortierella	Pearson 相关性	-0.12	0.10	-0.11	0.60	1.00											
Trichoderma	Pearson 相关性	0.36	0.648*	0.35	0.20	-0.16	1.00										
Chloridium	Pearson 相关性	0.20	0.07	0.791**	-0.03	-0.13	0.11	1.00									
Fusarium	Pearson 相关性	0.49	0.49	-0.25	0.18	-0.08	0.20	-0.27	1.00								
Trechispora	Pearson 相关性	-0.20	-0.29	0.06	-0.38	-0.51	-0.30	0.03	-0.21	1.00							
Exophiala	Pearson 相关性	-0.13	-0.25	-0.22	-0.44	-0.47	-0.36	-0.34	-0.10	0.745*	1.00						
Aspergillus	Pearson 相关性	-0.19	-0.31	-0.31	-0.28	-0.31	-0.37	-0.29	-0.16	0.60	0.918**	1.00					
Penicillium	Pearson 相关性	0.729*	0.51	-0.14	0.01	-0.14	0.12	0.01	0.844**	-0.06	-0.02	0.01	1.00				
Cyphellophora	Pearson 相关性	0.785**	0.43	-0.12	-0.28	-0.04	-0.16	-0.03	0.60	-0.31	-0.01	-0.10	0.789**	1.00			
Lophotrichus	Pearson 相关性	0.15	0.26	-0.11	-0.21	-0.16	0.732*	-0.23	-0.12	-0.22	-0.14	-0.13	-0.11	-0.15	1.00		
Tolypocladium	Pearson 相关性	-0.25	-0.19	-0.14	-0.43	-0.06	0.24	-0.22	-0.22	0.08	-0.13	-0.33	-0.38	-0.19	0.57	1.00	
Saitozyma	Pearson 相关性	-0.03	-0.07	-0.08	-0.51	0.16	0.06	-0.10	-0.06	-0.12	-0.19	-0.37	-0.15	0.18	0.32	0.809**	1.00

注: * 表示在 0.05 水平（双侧）上显著相关，** 表示在 0.01 水平（双侧）上显著相关。

表 8-12 根内真菌群落与生长量和土壤理化性质相关性分析

		pH值	有机质	速效磷	Cladophialophora	Paraboeremia	Mortierella	Chloridium	Fusarium	Exophiala	Aspergillus	Penicillium	Cyphellophora	Lophotrichus
pH值	Pearson 相关性	1.00												
有机质	Pearson 相关性	-0.709*	1.00											
速效磷	Pearson 相关性	-0.31	-0.034****	1***										
Cladophialophora	Pearson 相关性	-0.41	0.31	-0.083***	1.00									
Paraboeremia	Pearson 相关性	-0.23	-0.05	-0.51	0.12	1.00								
Mortierella	Pearson 相关性	-0.59	-0.12	0.16	-0.11	0.60	1.00							
Chloridium	Pearson 相关性	-0.59	0.20	-0.097**	0.791**	-0.03	-0.13	1.00						
Fusarium	Pearson 相关性	0.07	0.49	-0.06	-0.25	0.18	-0.08	-0.27	1.00					
Exophiala	Pearson 相关性	0.58	-0.13	-0.187*	-0.22	-0.44	-0.47	-0.34	-0.10	1.00				
Aspergillus	Pearson 相关性	0.51	-0.19	-0.374*	-0.31	-0.28	-0.31	-0.29	-0.16	0.918**	1.00			
Penicillium	Pearson 相关性	-0.14	0.729**	-0.15	-0.14	0.01	-0.14	0.01	0.844**	-0.02	0.01	1.00		
Cyphellophora	Pearson 相关性	-0.24	0.785**	0.18	-0.12	-0.28	-0.04	-0.03	0.60	-0.01	-0.10	0.789**	1.00	
Lophotrichus	Pearson 相关性	0.23	0.15	0.317*	-0.11	-0.21	-0.16	-0.23	-0.12	-0.14	-0.13	-0.11	-0.15	1.00

注：* 表示在 0.05 水平（双侧）上显著相关，** 表示在 0.01 水平（双侧）上显著相关。

表 8-13 细菌群落与生长量和土壤理化性质相关性分析（一）

		叶长	叶宽	Paraburk-holderia	Bradyrhi-zobium	Pseudo-monas	Acidot-hermus	Acidib-acter	Mycoba-cterium	Rhizo-bium	Subgr-oup_2	Bacillus	Halian-gium	Paenib-acillus	67-14	Rosei-arcus	SC-I-84	Strepto-myces
叶长	Pearson 相关性	1.00																
叶宽	Pearson 相关性	0.831**	1.00															
Paraburkholderia	Pearson 相关性	0.13	0.27	1.00														
Bradyrhizobium	Pearson 相关性	-0.38	-0.51	-0.38	1.00													
Pseudomonas	Pearson 相关性	-0.02	0.32	-0.30	-0.40	1.00												
Acidothermus	Pearson 相关性	0.16	0.15	0.672*	-0.18	-0.52	1.00											
Acidibacter	Pearson 相关性	-0.43	-0.57	-0.08	0.663*	-0.28	0.12	1.00										
Mycobacterium	Pearson 相关性	-0.05	0.09	-0.28	0.40	0.15	-0.13	-0.04	1.00									
Rhizobium	Pearson 相关性	0.37	0.20	-0.31	0.24	-0.14	0.11	-0.08	0.767**	1.00								
Subgroup_2	Pearson 相关性	-0.23	-0.17	0.802**	0.00	-0.51	0.652*	0.28	-0.20	-0.22	1.00							
Bacillus	Pearson 相关性	0.02	0.26	-0.29	0.23	0.18	-0.15	-0.15	0.03	-0.18	-0.36	1.00						
Haliangium	Pearson 相关性	-0.39	-0.63	-0.31	0.59	-0.41	-0.05	0.33	0.57	0.58	0.03	-0.42	1.00					
Paenibacillus	Pearson 相关性	-0.10	0.06	-0.20	0.45	0.20	-0.28	0.27	-0.07	-0.36	-0.21	0.772**	-0.35	1.00				
67-14	Pearson 相关性	0.50	0.11	-0.12	-0.21	-0.18	0.10	-0.02	-0.18	0.27	-0.39	-0.39	0.12	-0.39	1.00			
Roseiarcus	Pearson 相关性	-0.22	-0.46	0.47	-0.05	-0.51	0.51	0.49	-0.45	-0.25	0.53	-0.648*	0.22	-0.41	0.42	1.00		
SC-I-84	Pearson 相关性	0.14	0.11	-0.23	-0.09	-0.26	0.19	-0.48	0.11	0.29	-0.23	0.38	0.05	-0.26	0.09	-0.26	1.00	
Streptomyces	Pearson 相关性	0.40	0.58	-0.34	-0.58	0.732*	-0.23	-0.61	0.26	0.31	-0.61	0.13	-0.32	-0.22	0.16	-0.56	0.30	1.00

注：* 表示在 0.05 水平（双侧）上显著相关，** 表示在 0.01 水平（双侧）上显著相关。

表 8-14 细菌群落与生长量和土壤理化性性质相关性分析（二）

		pH 值	有机质	速效磷	Paraburk-holderia	Bradyrhiz-obium	Acidother-mus	Acidibacter	Mycobacterium	Bacillus	Haliangium	Paenibacillus	67-14
pH 值	Pearson 相关性	1.00											
有机质	Pearson 相关性	-0.709*	1.00										
速效磷	Pearson 相关性	0.20	0.398**	1***									
Paraburkholderia	Pearson 相关性	-0.46	0.13	-0.343***	1.00								
Bradyrhizobium	Pearson 相关性	0.28	-0.38	-0.583**	-0.38	1.00							
Acidothermus	Pearson 相关性	-0.39	0.16	-0.234*	0.672*	-0.18	1.00						
Acidibacter	Pearson 相关性	0.13	-0.43	-0.61	-0.08	0.663*	0.12	1.00					
Mycobacterium	Pearson 相关性	0.39	-0.05	0.261**	-0.28	0.40	-0.13	-0.04	1.00				
Bacillus	Pearson 相关性	-0.05	0.02	0.132*	-0.29	0.23	-0.15	-0.15	0.03	1.00			
Haliangium	Pearson 相关性	0.30	-0.39	-0.317*	-0.31	0.59	-0.05	0.33	0.57	-0.42	1.00		
Paenibacillus	Pearson 相关性	-0.27	-0.10	-0.218*	-0.20	0.45	-0.28	0.27	-0.07	0.772**	-0.35	1.00	
67-14	Pearson 相关性	-0.17	0.50	0.16	-0.12	-0.21	0.10	-0.02	-0.18	-0.39	0.12	-0.39	1.00

注：* 表示在 0.05 水平（双侧）上显著相关，** 表示在 0.01 水平（双侧）上显著相关。

表 8-15　环境因子与生物量指标的相关性（一）

		成活率	叶长生长量	叶宽生长量	株高	全氮	全钾	全磷	全碳	速效磷	碱解氮
成活率	Pearson 相关性	1.00									
叶长生长量	Pearson 相关性	-0.09	1.00								
叶宽生长量	Pearson 相关性	0.16	0.785**	1.00							
株高	Pearson 相关性	-0.546**	0.695*	0.682*	1.00						
全氮	Pearson 相关性	0.449*	-0.16	-0.30	-0.59	1.00					
全钾	Pearson 相关性	-0.542*	0.32	-0.03	0.41	-0.34	1.00				
全磷	Pearson 相关性	-0.651**	0.36	0.21	0.672*	-0.650*	0.813**	1.00			
全碳	Pearson 相关性	-0.735*	0.34	0.17	0.655*	-0.18	0.42	0.673*	1.00		
速效磷	Pearson 相关性	0.077	0.14	0.52	0.289*	-0.523*	-0.048*	0.277*	-0.05	1.00	
碱解氮	Pearson 相关性	-0.842***	0.57	0.34	0.856**	-0.47	0.55	0.754*	0.842**	0.100*	1.00

注：* 表示在 0.05 水平（双侧）上显著相关，** 表示在 0.01 水平（双侧）上显著相关。

表 8-16　环境因子与生物量指标的相关性（二）

		叶长	叶宽	株高	Bio 1	Bio 2	Bio 3	Bio 4	Bio 5	Bio 6	Bio 7	Bio 8	Bio 9	Bio 10	Bio 11	Bio 12	Bio 13	Bio 14	Bio 15	Bio 16	Bio 17	Bio 18	Bio 19
叶长	Pearson 相关性	1.00																					
叶宽	Pearson 相关性	0.785**	1.00																				
株高	Pearson 相关性	0.61	0.22	1.00																			
Bio 1	Pearson 相关性	-0.676*	-0.690*	-0.06	1.00																		
Bio 2	Pearson 相关性	0.14	0.27	-0.25	0.03	1.00																	
Bio 3	Pearson 相关性	-0.27	-0.28	-0.13	0.49	0.743*	1.00																
Bio 4	Pearson 相关性	0.43	0.58	-0.06	-0.741**	-0.33	-0.862**	1.00															
Bio 5	Pearson 相关性	-0.42	-0.36	-0.08	0.814**	0.00	0.11	-0.30	1.00														
Bio 6	Pearson 相关性	-0.640*	-0.720*	0.04	0.969**	-0.03	0.54	-0.839**	0.676*	1.00													
Bio 7	Pearson 相关性	0.52	0.684*	-0.12	-0.648*	0.04	-0.635*	0.893**	-0.10	-0.801**	1.00												
Bio 8	Pearson 相关性	-0.14	0.09	-0.46	-0.54	-0.30	-0.56	0.718*	-0.42	-0.61	0.49	1.00											
Bio 9	Pearson 相关性	-0.38	-0.31	0.02	0.868**	0.19	0.35	-0.50	0.944**	0.761*	-0.26	-0.60	1.00										
Bio 10	Pearson 相关性	-0.61	-0.56	-0.08	0.902**	-0.17	0.12	-0.38	0.949**	0.798**	-0.31	-0.33	0.894**	1.00									
Bio 11	Pearson 相关性	-0.62	-0.692*	-0.01	0.969**	0.14	0.651*	-0.883**	0.680*	0.984**	-0.777**	-0.646*	0.788**	0.772**	1.00								
Bio 12	Pearson 相关性	0.55	0.50	0.22	-0.61	-0.55	-0.892**	0.828**	-0.21	-0.636*	0.690*	0.34	-0.38	-0.28	-0.721*	1.00							
Bio 13	Pearson 相关性	0.57	0.62	0.12	-0.62	-0.36	-0.860**	0.900**	-0.11	-0.709**	0.869**	0.37	-0.29	-0.26	-0.759**	0.948**	1.00						
Bio 14	Pearson 相关性	0.53	0.760*	-0.01	-0.59	-0.12	-0.697*	0.851**	-0.06	-0.699**	0.892**	0.34	-0.18	-0.24	-0.718*	0.833**	0.936**	1.00					
Bio 15	Pearson 相关性	0.14	0.33	-0.31	-0.30	0.00	-0.51	0.640*	0.20	-0.47	0.793**	0.35	0.00	-0.01	-0.45	0.40	0.638*	0.62	1.00				
Bio 16	Pearson 相关性	0.55	0.54	0.15	-0.641*	-0.48	-0.901**	0.882**	-0.18	-0.694**	0.787**	0.39	-0.38	-0.29	-0.765**	0.984**	0.984**	0.875**	0.55	1.00			
Bio 17	Pearson 相关性	0.60	0.642*	0.26	-0.660*	-0.49	-0.836**	0.807**	-0.30	-0.662*	0.652*	0.32	-0.43	-0.37	-0.751**	0.964**	0.907**	0.850**	0.31	0.938**	1.00		
Bio 18	Pearson 相关性	0.55	0.55	0.03	-0.854**	-0.33	-0.800**	0.929**	-0.51	-0.894**	0.795**	0.641*	-0.671*	-0.57	-0.934**	0.879**	0.873**	0.784**	0.44	0.895**	0.846**	1.00	
Bio 19	Pearson 相关性	0.41	0.46	0.30	-0.17	-0.45	-0.709*	0.57	0.29	-0.24	0.55	-0.04	0.16	0.17	-0.32	0.830**	0.824**	0.800**	0.37	0.808**	0.816**	0.51	1.00

注：*表示在 0.05 水平（双侧）上显著相关，**表示在 0.01 水平（双侧）上显著相关。

8.9 保育策略

目前,大黄花虾脊兰野生种群现状不容乐观,2021年9月大黄花虾脊兰被列为国家一级重点保护野生植物。目前受到生境破碎化、极端气候、动物啃食以及人为破坏等多重威胁。多位学者研究证实该物种可进行人工繁育,但其有效传粉者数量急剧下降。本研究建立了快速繁殖体系,可形成规模化繁育。因此保育工作应该从保护、繁育、回归以及保护传粉者四个方面同时进行。

首先,应当加大执法力度和相关保护法的宣传力度,以加强民众的自然保护意识。同时也应对兰科植物经济价值进行开发保证一定的社会效益。

其次,普遍认为生境丧失和破碎化是导致物种濒危的第一大原因。部分大黄花虾脊兰分布点如安徽省泾县,不处于保护区范围内;湖南崀山的分布点位于景区游步道旁,居群极容易遭到破坏,应专门设立保护点或建立保护小区对原生境进行保护甚至进行迁地保护,同时对其长期进行种群动态监测。野外回归前,应先对实地进行考察,选择土壤有机质含量丰富、靠近水源的坡地。

最后,传粉者方面,了解其访花行为和筑巢行为,通过人工巢管、搭建避雨杉木棚等方式吸引木蜂在大黄花虾脊兰分布区筑巢,可以在一定程度上增加当地的传粉资源提高自然结实率。

本研究选取野生大黄花虾脊兰成熟的果实通过无菌播种和共生培养萌发技术为其建立快速繁殖体系;在此基础上,探讨了不同基质、土壤含水量以及附加物等对试管苗成活率和生长量的影响;再利用移栽苗在官山保护区等地进行野外回归;最后利用高通量测序技术对各野生居群植株、回归植株的根以及根际土壤进行测序分析,探讨了微生物多样性和土壤理化性质等环境因子对大黄花虾脊兰生长发育的影响,分析了土壤和气候因子与微生物多样性群落动态变化和特征结构之间的关联性,为兰科植物回归生物学提供依据。本研究获得以下结论:

(1)利用无菌播种和共生培养技术可建立快速繁殖体系。成熟的种子无菌萌发仅需45d,萌发率为(26±4)%;筛选出2种可促进其种子萌发的真菌,能促进种子的萌发;添加300mg/L的NAA溶液快蘸根处理,可有效提高成活率和生长量;栽培基质的配比和含水量,对移栽苗成活率有重要的作用。

(2)不同回归年限的大黄花虾脊兰的内生真菌种类不同,其群落多样性和丰度主要受土壤有机质和速效磷含量影响。大黄花虾脊兰根内优势真菌主要是担子菌门和子囊菌门,共占80.87%;回归1年和野生植株与真菌间的联系更加紧密,其网络通路更加复杂且稳定,对真菌群落网络通路具有强烈的依赖性。*Cladophialophora*、青霉属和木霉属是回归植株中的关键菌种。

（3）不同回归年限的大黄花虾脊兰的内生细菌丰度存在显著差异。根瘤菌属、伯克霍尔德氏菌属和类芽孢杆菌属是回归和野生植株根内的关键细菌属。细菌群落网络共现分析结果显示，随着回归年限的增加，细菌群落网络通路的复杂程度逐渐增加，网络中的关键细菌属是根瘤菌属和类芽孢杆菌属。

（4）所有生物气候因子变量中，降水相关变量和温度相关变量与大黄花虾脊兰的生长发育有显著相关性；土壤理化性质变量中，土壤全氮、碱解氮和速效磷含量对其生长发育具有显著正相关关系；土壤有机质含量和土壤速效磷含量对根内微生物多样性、群落组成影响最大，是最关键的土壤环境因子。

撰稿：方平福、陈玥，官山国家级自然保护区管理局；
唐晓东、毛欢窈、胡铭涛、刘雪蝶、谭少林、杨柏云，南昌大学

第 9 章　几种兰属植物的回归保育

9.1　兰属植物与中国的文化自信

兰花以其美丽奇特的花朵、清雅的香气和秀美的叶片受到世界各地人民的宠爱，是名副其实的世界名花（程杰 等，2024）。但在不同地区人们喜爱的兰花种类因兴趣爱好及文化传统不同而有一定的区别。在我国，兰花有国兰与洋兰之分。兰属中的地生种类，包括春兰、蕙兰、建兰、墨兰、寒兰、春剑、莲瓣兰等七大系列，特别受我国人民的喜爱，因此这类兰花被称为国兰，是我国的四大名花之一，其清幽、逸致、洁净、高雅的风姿非常符合我国人民的传统品格（徐婉 等，2022）。

兰花在我国有深厚的文化底蕴。兰花活动涉及经济、文化、民俗和日常生活的许多方面，成为中华民族文化的一个组成部分——兰花文化。自古以来，养兰、咏兰、画兰、写兰者数不胜数，人们常以兰抒情，借兰明志，留下了大量的诗篇和画卷。党的十九大报告提出，要坚定文化自信，推动社会主义文化繁荣兴盛。推动国兰文化的发展不失为一个坚定文化自信的选择。国兰文化作为非遗文化的一部分，可以国兰文化特色展现中华传统文化风采（程建国 等，2002）。

9.2　兰花野生资源濒临灭绝

20 世纪 80 年代以来，随着我国国民经济的快速发展，人民生活水平的不断提高，我国的兰花市场日益繁荣，国内贸易和出口的种类和数量也越来越多。由于长期以来特别是近 20 年来的乱采滥挖，我国兰花资源遭到严重破坏，数量急剧减少，大量兰花种类已处于濒危状态，挣扎在灭绝的边缘，其中以兰属植物为甚。兰花是自然环境和生物多样性的重要组成部分，是植物界最大的家族之一，也是有花植物中进化水平极高的类群之一，具有重要的观赏、药用、科研、文化和生态价值。保护野生兰花，对维护生态平衡、保持生物多样性、促进国民经济发展和丰富人民群众生活都具有十分重要的意义（张晴 等，2022；George et al.，2009）。

近 20 年来，我国对兰花资源的保护都很重视。2001 年国家林业局就启动了全国野生动植物保护工程,将兰科植物作为 15 大物种保护工程之一,2012 年开始实施《全国极小种群野生植物拯救保护工程》,将兰科植物中极度濒危的 37 个种类列为拯救保护对象,开展了就地保护、迁地保护和野外回归保育工作,取得了显著成效,也为建设美丽中国做出了积极贡献。值得一提的是,2021 年 9 月 7 日,国家林业和草原局和农业农村部正式发布了《国家重点保护野生植物名录》,在该名录中,兰科植物占了五分之一,成为被保护最多的科,其中兰属植物中除兔耳兰外,均为国家二级保护植物。不仅有利于拯救濒危野生兰花、维护生物多样性和生态平衡,还为地方政府制订相关保护法规提供法律依据(张殷波 等,2015)。

9.3　植物野外回归已成为珍稀濒危植物保护的有力手段

物种灭绝是全球最严重的生态问题之一,直接威胁着人类社会的可持续发展。种群大小是世界自然保护联盟(IUCN)评估物种濒危等级 5 个指标中最重要的指标。植物种类的形成、发展、濒危与灭绝是物种与环境相互作用的过程,它主要由物种本身的遗传因素和外部的生态因素决定。由于过度开采、分布区缩小、生境恶化等人类的干扰,加上气候变化的影响,全球植物种类正以空前的速度消失(任海 等,2014;黄宏文 等,2012)。

植物多样性保护的主要方式是就地保护、迁地保护和野外回归。中国通过自然保护区和国家公园体系就地保护了约 65% 的高等植物群落,通过植物园及其他引种设施迁地保护了中国植物区系成分植物物种的 60%。回归自然是野生植物种群重建的重要途径,其保护效果超出了单纯的就地保护和单一的物种保护,能更有效地对珍稀濒危野生植物进行拯救和保护(Guerrant et al.,2007)。2012 年,中国启动了第二次全国珍稀植物调查和全国极小种群保护工程,这些工作都是期望在调查编目的基础上利用就地保护、迁地保护和回归的三位一体方式实现对植物的有效保护(许玥 等,2022)。

9.4　兰属植物野外回归的目的与意义

南昌大学兰花课题组已完成全省兰属植物资源普查、遗传结构分析、建立多种国兰种苗繁育技术体系,并在江西官山、赣江源、马头山等地开展兰花的野外回归工作。基于已有工作基础,本文拟以春兰、建兰、蕙兰、寒兰和兔耳兰为对象,选择具有核心种质的野生居群,收集其种子,利用实验室原创的兰花种子播种技术,快速繁育种苗,然后移栽于官山东河河谷,构建兰属植物回归群落,并对其进行种群监测。通过构建兰花人工生态群落,迁地保育兰属植物共计 6233 株,使这些兰属植物初步摆脱野生种群濒临灭绝的困境；后期对其开展种群现状、遗传多样性、群落结构、传粉昆虫、植食昆虫、共生真菌和真菌环境调查，并对其进行长期监测，以明确迁地保护的兰花生长适应性及其潜在的致濒因素。为珍稀濒危植物的迁地保护、群落重构、栽培管护等保护工作提供理论基础和科学依据。

9.5　回归技术路线

兰属植物回归保育技术路线如图 9-1 所示。

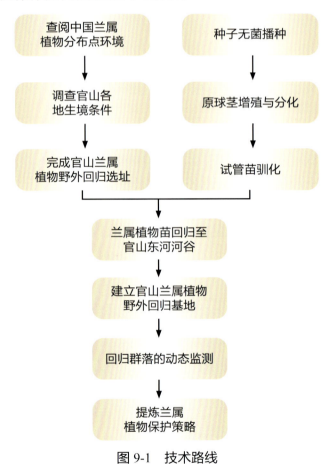

图 9-1　技术路线

9.6　兰属植物野外回归

9.6.1　回归适生地的选择与评估

为确保兰属植物野外回归的成功，我们对官山保护区内的生态环境进行了详细的考察和评估。综合考虑气候、土壤、植被、水源等因素，选择了官山保护区东河保护站为野外回归基地，并作为兰花谷来建设，该谷长度750mm，面积约为2.83hm^2。该基地除了生态环境良好，具备兰属植物生长所需的温度、湿度、光照等条件，且受人为干扰较小，有利于兰属植物的自然繁衍（图9-2）。

图 9-2　回归地的生境

9.6.2　兰属植物试管苗的繁育与驯化

此项工作主要在南昌大学展开，选取具有核心种质的野生群落，采集种子，利用自有的兰属植物无菌播种技术，人工繁育种苗10000株以上；将试管苗移栽至大棚进行驯化，经过5年以上的栽培，在大棚内已经能正常开花（图9-3）。

图 9-3　种苗快繁和驯化

9.6.3　野外回归实施过程

选择春秋两个季节，将兰属的6个物种移栽到东河保护站兰花谷。种植时沿着兰花谷木栈道两侧各10m宽地适宜地方种植，采取了多种措施确保兰属植物的成活率，如砍杂锄草、修剪树枝、挖穴培土、优化移栽技术、加强病虫害防治等（图9-4）。同时，建立了详细的回归记录档案，对回归兰属植物的种类、数量、位置等信息进行了详细记录，为后续监测和管理提供依据。

图 9-4　兰属植物回归工作照

9.7　种群动态监测

9.7.1　回归物种动态监测

为确保对回归兰属植物的种群动态进行持续监测，制定了详细的监测方案。监测指标主要包括种群特征、生长特征、物候期、天然更新、土壤、水文、气象以及干扰因子等。严格按照监测方案执行监测任务，确保监测数据的及时性和准确性，两年来的监测结果平均值详见表 9-1。通过对种群数量的变化趋势、生长状况的稳定性、繁殖情况等指标进行分析，可评估兰属植物野外回归的效果和种群稳定性。同时可将监测结果及时反馈给相关部门和科研机构，为兰属植物的保护提供科学依据和技术支持。

表 9-1 回归种苗监测数据

	种 类	建兰	蕙兰	多花兰	春兰	寒兰	兔耳兰
种群特征	数量（丛）	370	97	31	242	140	10
	株 数	2590	679	220	1694	980	70
	密度（丛/hm²）	105.7	27.7	8.85	69.1	40	2.85
	多 度	很多	一般	较少	多	常见	偶见
	分布面积(m²)	28300					
	植被总盖度（%）	78					
生长特征	平均苗高（cm）	37.4	52.1	44.3	34.7	47.6	19.5
	平均基径（cm）	1.2	1	1.3	0.9	1.3	1.1
	每丛平均冠幅（m）	0.12	0.26	0.17	0.1	0.18	0.03
	每丛开花率（%）	56	43	78	76	67	0
	每丛结实率（%）	33	25	37	29	28	
物候期	萌动期	4.25	4.16	4.22	4.12	4.23	4.24
	展叶期	5.13	5.3	5.12	4.28	5.11	5.14
	现蕾期	6.19	3.18	3.15	12.13	9.21	未见开花
	开花期	7.2	4.3	4.7	2.2	10.25	
	凋谢期	7.23	4.26	5.2	3.28	11.26	
	年生长日数	283	294	289	297	280	236
天然更新	每丛平均发芽数（个）	4.6	3.2	4.1	3.7	3.4	2.3
	幼苗苗高（cm）	15	21.2	17.5	12.5	18.3	7.8
	幼苗基径（mm）	0.7	0.6	0.8	0.6	0.7	0.5
	幼苗年龄（月）	6					
土壤	土壤类型	林下腐叶土					
	土壤质地	疏松透气					
	土层厚度（cm）	26					
	枯落物厚度（mm）	10~35					
	土壤含水量（%）	55~71					
	土壤pH值	5.8					
	土壤容重（g/cm³）	1.3					
水文	降水量（mm）	1979					
	连续观测pH值	5.5~6.1					
	枯枝落叶层含水量（%）	78					

（续表）

种　类		建　兰	蕙　兰	多花兰	春　兰	寒　兰	兔耳兰
气象	年平均气温（℃）	\multicolumn{6}{c}{16.2}					
	相对湿度（%）	78					
	降水量（mm）	1975					
	蒸发量（mm）	805					
干扰因子	病虫害	虫害无，病害主要有枯萎病和炭疽病等					
	冻害及程度	无					有冻害
	风害及程度	无					
	水灾及程度	无					
	自然火灾及程度	无					
	人为干扰	无					
	野生动物干扰	主要是野兔、黄麂和猪獾					
	外来入侵物种干扰	无					

9.7.2 回归后的开花情况

通过两年的连续监测，除兔耳兰外，其余 5 个种都能在回归地兰花谷开花，详见图 9-5。

图 9-5　回归植株开花

A. 多花兰；B. 蕙兰；C. 建兰；D. 春兰；E. 寒兰；F. 兔耳兰（未开花）

9.8 兰花谷建设取得的成效

在 2023 年 4 月 12 日，在江西省林业局在宜丰县召开了"江西官山国家级自然保护区兰科植物野外回归基地成果发布及兰科植物保育研讨会"，邀请了国内知名兰科植物专家就兰科植物保育现状、发展趋势做报告。会后，与会领导和专家还参观了兰花谷（图 9-6）。项目组耗时 6 年，破解兰属植物回归难题，为加强全球生物多样性保护、推动绿色发展贡献"江西力量"，被人民网、新华网、江西日报、学习强国等多家权威媒体平台报道（图 9-7）。

图 9-6 官山保护区兰科植物野外回归基地成果发布

图 9-7 兰花回归成果被各大媒体争相报道

9.9 兰属植物回归群落的管理建议

9.9.1 着眼于兰属植物特殊的生物学属性

回归时建立可持续性的种群将面临种子数量、幼苗萌发、幼苗存活和繁殖产生后代的严格限制。定居限制有种子限制、微样地限制、扩散限制、生境限制、定居限制（朱威霖 等，2023）。所有上述限制均是某一区域内种群没有达到环境最大承载量情景下的限制，而且有地方和区域两个尺度之分，在早期（前2~3年）的各种限制对植物定居很重要。种子到达是定居过程中的一个关键性的步骤，之后环境条件抑制种群定居或种群生长可能会减慢定居速度。在珍稀植物回归过程中，有些种类的幼苗定居需要较强的光照，但长大后又能在林下荫蔽的条件下生长，有些则相反。热带干旱雨林的珍稀种类在干季末收集种子并在土壤足够湿时播种有利于幼苗的定居，同时减少种子被捕食的机会。植物定居主要由种子及其扩散限制决定，另外影响定居的因素包括种子发芽率、捕食、疾病、草食和资源可得性。在森林中，光是影响林下植物定居、生长和死亡的关键资源，而林下植被主要通过过滤作用来决定将来的森林树种组成。在回归过程中，实验方法和生物因素是影响回归成败的两个重要因子，前者包括繁殖体扩繁方式、回归地点选择、释放生物材料后的监测和管理、土壤理化性质改良等方面；后者包括繁殖体类型选择、回归地点的生境特征、源种群所处的地理位置及所能提供繁殖体的数量等方面。通过护理植物的方式来帮助珍稀植物克服定居限制而实现回归（杨颖婕 等，2021）。

回归的成功标准分为短期和长期两类，前者包括个体的成活、种群的建立和扩散；后者包括回归种群的自我维持和在生态系统中发挥功能等。短期评价标准主要有以下三个方面：①物种能在回归地点顺利完成生活史；②能顺利繁衍后代并增加现有种群大小，种群生长速率至少有一年应该大于1，同时种子产量和发育阶段分布类似于自然种群；③种子能够借助本地媒介（如风、昆虫、鸟类等）得到扩散，从而在回归地点之外建立新的种群。长期评价标准包括四个方面：①适应本地多样性的小生境，能够充分利用本地传粉动物完成其繁殖过程，建立与其他物种种群的联系，在生态系统中发挥作用和功能；②能够得到最小的可育种群，并且可以维持下去；③建立的回归种群具有在自然和人为干扰的条件下自我恢复的能力；④在达到有效种群大小的前提下，建立的回归种群能够维持低的变异系数。由此可见，回归成功最主要是实现回归种群融入生态系统的过程，这个过程包括了种群动态、种群遗传、个体行为和生态系统功能，这也是回归在生态恢复中占有重要地位的表现（Sarasan et al., 2021; Shao et al., 2022）。

9.9.2 切实注意自然灾害的发生

极端气候事件,如洪涝、冰雪、高温、干旱等自然灾害的发生会破坏兰属植物的栖息环境,威胁兰属植物生存。如遇到雪灾、洪涝和泥石流等自然灾害,石斛属和石仙桃属等附生兰属植物从树上或石壁上落掉到地面,同时地生兰和腐生兰的生境遭到了破坏。此外,长时间的强降雪及冰冻灾害对兰属植物也会造成巨大影响。一是,由于雪灾的机械损伤和随后的冰冻对代谢的损害,受灾地区的植被生态系统遭到了严重破坏,大片的树木被拦腰折断,很多野生植物可能被冻死;二是,由于土壤结冰严重,土壤温度极低且低温持续时间长,因此很可能有大量的传粉昆虫也被冻死或窒息死亡;三是,在冰雪即将融化之前或融化过程中,植物因生理代谢受损不能恢复导致的损害会比机械损伤造成的伤害更大。

2022年的持续极端干旱也对兰科植物造成了不可估量的破坏。例如,我们2021年8月对官山保护区的兰科植物调查发现,附身在树干上的瘤唇卷瓣兰(*Bulbophyllum japonicum*)长势良好(图9-8A),但2022年10月,同一个地点生长的瘤唇卷瓣兰完全枯萎(图9-8B)。

因此,加强气象监测工作,及时预测和反馈极端天气,并对有可能面临极端天气而受到威胁的兰属植物及时开展应对措施显得尤为重要。

图9-8 正常季节、极端干旱同地点拍摄的瘤唇卷瓣兰对比
A. 正常季节;B. 极端干旱

9.9.3 加强保护区管理,强化宣传教育,培养技术型人才

加强法律宣传,增强公众保护生态意识,提高保护效率。通过宣传野生兰科植物

保护法律法规和保护名录，尤其是国家林业和草原局和农业农村部最新颁发的 2021 年《国家重点保护野生植物名录（第二批）》，加强群众保护野生兰科植物的意识，做到有法可依，有法必依，禁止野生兰科植物的偷抢偷采和买卖交易。加强人员培训，科学开发利用。在野外考察中发现，部分保护区缺少掌握植物学基础知识的人员，保护区单位需加大人才引进和高校科研单位合作的力度，鼓励科研人员在省内各个保护区开展兰科植物技术学习讲座，促进保护区护林员和民众对野生兰科植物的认识，增强专业人员的专业素质和保护意识。

9.9.4 制定长期保护规划

为确保兰属植物野外回归的长期效果和种群稳定，需要制定长期保护规划。具体规划应包括以下几个方面。

9.9.4.1 明确保护目标和任务

根据兰属植物的保护现状和需求，明确保护目标和任务。具体目标包括恢复和扩大兰属植物的种群数量、提高兰属植物的生态适应性等。同时，明确各项任务的具体内容和实施步骤，确保保护工作的有序开展。

9.9.4.2 制定具体的保护措施

根据保护目标和任务，制定具体的保护措施。包括加强适生地管理、优化繁育技术、开展科普宣传等。同时，针对兰属植物面临的威胁和挑战，制定相应的应对措施和解决方案。通过具体的保护措施的实施，确保兰属植物的保护工作取得实效。

9.9.4.3 加强监测与评估工作

为确保保护工作的有效性和可持续性，需要加强监测与评估工作。建议定期对兰属植物的种群动态进行监测，评估保护工作的效果和问题。同时，根据监测结果及时调整保护措施和方案，确保保护工作的针对性和有效性。通过加强监测与评估工作，为兰属植物的保护提供科学依据和技术支持。

撰稿：陈琳、钟曲颖、兰勇，官山国家级自然保护区管理局；
程卫星、刘飞虎、罗火林、杨柏云，南昌大学

第 3 篇

官山保护区
野生兰科植物种类

本篇详细地介绍了官山保护区的 54 种兰科植物，包括地生兰 34 种、附生兰 18 种及腐生兰 2 种，提供了每种植物的生境、植株形态、花部特写等多角度的高清彩色照片，并详细论述了其濒危等级、形态特征、物候、分布、生境、用途和致危因素等重要信息。物种名录按照学名首字母排序。

1 金线兰

Anoectochilus roxburghii (Wall.) Lindl.

国家重点保护级别	CITES 附录	IUCN 红色名录	极小种群
二级	II	EN	否

形态特征：植株高达 18cm。茎具（2）3~4 枚叶。叶卵圆形或卵形，长 1.3~3.5cm，上面暗紫或黑紫色，具金红色脉网，下面淡紫红色，基部近平截或圆；叶柄长 0.4~1cm，基部鞘状抱茎。花序具 2~6 朵花，长 3~5cm，花序轴淡红色和花序梗均被柔毛，花序梗具 2~3 枚鞘状苞片。苞片淡红色，卵状披针形或披针形，长 6~9mm；子房被柔毛，连花梗长 1~1.3cm；花白色或淡红色，萼片被柔毛，中萼片卵形，舟状，长约 6mm，宽 2.5~3mm，与花瓣黏贴呈兜状，侧萼片张开，近斜长圆形或长圆状椭圆形，长 7~8mm；花瓣近镰状，斜歪，较萼片薄；唇瓣位于上方，长约 1.2cm，呈"Y"字形，前部 2 裂，裂片近长圆形或近楔状长圆形，长约 6mm，全缘，中部爪长 4~5mm，两侧各具 6~8 条长 4~6mm 流苏状细裂条，基部具圆锥状距，距长 5~6mm，上举向唇瓣，末端 2 浅裂，距内近口具 2 个肉质胼胝体；蕊柱长约 2.5mm，前面两侧具片状附属物；花药卵形；蕊喙直立，2 裂，柱头 2 枚，位于蕊喙的基部两侧。

花 果 期：花期 9~10 月，果期 11~12 月。

分　　布：官山保护区全境有分布。

生　　境：生于海拔 50~1200m 的常绿阔叶林下或沟谷阴湿处。

用　　途：观赏和药用。

致危因素：生境破碎化或丧失、过度采集和自然种群过小。

② 浙江金线兰

Anoectochilus zhejiangensis Z. Wei & Y. B. Chang.

国家重点保护级别	CITES 附录	IUCN 红色名录	极小种群
二级	II	EN	否

形态特征：植株高达 16cm。茎肉质，被柔毛，下部集生 2~6 枚叶；茎上具 1~2 枚鞘状苞片。叶稍肉质，宽卵形或卵圆形，长 0.7~2.6cm，全缘，微波状，上面绿紫色，具金红色脉网，下面略淡紫红色；叶柄长约 6mm，基部鞘状抱茎。花序具 1~4 朵花，花序轴被柔毛。苞片卵状披针形，长约 6.5mm，被柔毛；子房被白色柔毛，连花梗长约 6mm；萼片淡红色，近等长，长约 5mm，被柔毛，中萼片舟状，与花瓣黏贴呈兜状，侧萼片偏斜，长圆形；花瓣白色，倒披针形或倒长卵形；唇瓣白色，位于上方，呈"Y"字形，前部片 2 深裂，裂片斜倒三角形，长约 6mm，全缘，中部爪长约 4mm，两侧各具鸡冠状褶片，褶片具（2）3~4（5）枚小齿，基部具圆锥状距，距长约 6mm，向唇瓣上曲成"U"字形，末端 2 浅裂，距内具 2 个瘤状胼胝体，胼胝体着生于距中部褶片状脊上；蕊柱短；蕊喙 2 裂，柱头 2 枚，位于蕊喙前面基部两侧。

花 果 期：花期 7~9 月，果期 9~11 月。
分　　布：官山保护区全境有分布。
生　　境：生于海拔 300~1100m 的山坡或沟谷的密林下阴湿处。
用　　途：观赏和药用。
致危因素：生境破碎化或丧失、过度采集和自然种群过小。

③ 白 及

Bletilla striata (Thunb. ex A. Murray) Rchb. f.

国家重点保护级别	CITES 附录	IUCN 红色名录	极小种群
二 级	II	EN	否

形态特征：植株高达 60cm。假鳞茎扁球形，茎粗壮。叶 4~6 枚；窄长圆形或披针形，长 8~29cm，宽 1.5~4cm。花序具 3~10 朵花。苞片长圆状披针形，长 2~2.5cm；花紫红或淡红色；萼片和花瓣近等长，窄长圆形，长 2.5~3cm；花瓣较萼片稍宽，唇瓣倒卵状椭圆形，长 2.3~2.8cm，白色带紫红色，唇盘具 5 条纵褶片，从基部伸至中裂片近顶部，在中裂片波状，在中部以上 3 裂，侧裂片直立，合抱蕊柱，先端稍钝，宽 1.8~2.2cm，伸达中裂片 1/3，中裂片倒卵形或近四方形，长约 8mm，宽约 7mm，先端凹缺，具波状齿；蕊柱长 1.8~2cm。

花 果 期：花期 4~5 月，果期 7~8 月。

分　　布：西河保护站和龙门保护站境内。

生　　境：生于海拔 300~900m 的常绿阔叶林下或针叶林下，以及路边草丛或岩石缝中。

用　　途：观赏和药用。

致危因素：生境破碎化或丧失、过度采集和自然种群过小。

④ 瘤唇卷瓣兰

Bulbophyllum japonicum (Makino) Makino

国家重点保护级别	CITES 附录	IUCN 红色名录	极小种群
—	II	LC	否

形态特征： 假鳞茎在纤细根状茎上相距 0.7~1.8cm，卵球形，长 0.5~1cm，径 3~5mm，顶生 1 枚叶。叶长圆形或斜长圆形，长 3~4.5cm。花葶生于假鳞茎基部，长 2~3cm，伞形花序具 2~4 朵花。花紫红色；中萼片卵状椭圆形，长约 3mm，全缘，侧萼片披针形，长 5~6mm，上部两侧边缘内卷，基部上方扭转而上下侧边缘靠合；花瓣近匙形，长 2mm，全缘，唇瓣舌形，外弯，长约 2mm，下部两侧对折，上部细圆柱状，先端拳卷状；蕊柱长约 1.5mm，蕊柱足长约 1mm，离生部分长 0.5mm，蕊柱齿钻状，长约 0.7mm。

花 果 期： 花期 6 月，果期 9~10 月。

分　　布： 东河保护站境内。

生　　境： 生于海拔 500~800m 阔叶林中树上和沟谷阴湿岩石上。

用　　途： 观赏。

致危因素： 生境破碎化或丧失、过度采集和自然种群过小。

5 宁波石豆兰

Bulbophyllum ningboense G.Y.Li ex H.L.Lin & X.P.Li

国家重点保护级别	CITES 附录	IUCN 红色名录	极小种群
—	—	—	否

形态特征： 根状茎匍匐，纤细，直径约为 1.0mm。全体无毛；假鳞茎卵球形，长为 5.0~6.0mm，粗 4.0~5.0mm，具 6~8 棱，在根状茎上紧靠或分离着生，分离者彼此相距 6.0~10.0mm，顶生 1 叶。叶片硬革质，长圆形，长为 12.0~15.0mm，宽 6.0~80mm，先端圆钝且微凹，基部圆形，中脉明显，在上面显著凹陷、几无柄。花序从假鳞茎基部抽出，光滑、细长、绿色，远长于叶片，长为 2.5~3.5cm，基部有 3~4 枚膜质鞘，花序中部以下有 1 个关节，关节上着生 1 枚膜质鞘，鞘舟状；伞房状花序有 4~5 朵花；每花梗具 1 枚长为 1.0~2.0mm 的披针形苞片；苞片黄色、膜质；花梗连同子房长约 1.5cm，全体黄色；花黄色；中萼片卵状披针形，长为 4.0~5.0mm，宽约为 2.5mm，全缘，先端渐尖，具 3 条脉，2 枚侧萼片长为 8.0~9.0mm，宽约为 3.0mm，中上部内卷成筒状并靠拢，直伸或稍弯曲全缘，先端钝尖；花瓣宽卵形，长约为 2.0mm，宽约为 1.5mm，先端圆钝，具 3 条脉；唇厚舌状，肉质，长约为 4.0mm，橙红色，先端圆，基部弯曲，具关节，与蕊柱足相连；蕊柱半圆柱形，长约为 2.0mm。

花 果 期： 花期 5 月，果期 8~9 月。
分　　布： 东河保护站和龙门保护站境内。
生　　境： 生于海拔 500~700m 的湿润的石壁上。
用　　途： 观赏和药用。
致危因素： 生境破碎化和自然种群过小。

❻ 毛药卷瓣兰

Bulbophyllum omerandrum Hayata

国家重点保护级别	CITES 附录	IUCN 红色名录	极小种群
一	II	NT	否

形态特征：假鳞茎生于径约 2mm 的根状茎上，相距 1.5~4cm，卵状球形，顶生 1 枚叶。叶长圆形，长 1.5~8.5cm，先端稍凹缺。花葶生于假鳞茎基部，长 5~6cm，伞形花序具 1~3 朵花。花黄色；中萼片卵形，长 1~1.4cm，先端具 2~3 条髯毛，全缘，侧萼片披针形，长约 3cm，宽 5mm，先端稍钝，基部上方扭转，两侧萼片呈"八"字形叉开；花瓣卵状三角形，长约 5mm，先端紫褐色、具细尖，上部边缘具流苏，唇瓣舌形，长约 7mm，外弯，下部两侧对折，先端钝，边缘多少具睫毛，近先端两侧面疏生细乳突；蕊柱长约 4mm，蕊柱足弯，长约 5mm，离生部分长 2mm，蕊柱齿三角形，长约 1mm，先端尖齿状；药帽前缘具流苏。

花 果 期：花期 3~4 月，果期 7 月。

分　　布：龙门保护站境内。

生　　境：生于海拔 400~800m 林中树干或山谷岩石上。

用　　途：观赏和药用。

致危因素：生境破碎化或丧失、过度采集和自然种群过小。

7 剑叶虾脊兰

Calanthe davidii (Wall.) Franch.

国家重点保护级别	CITES 附录	IUCN 红色名录	极小种群
—	II	LC	否

形态特征：植株聚生。假鳞茎短小，被鞘和叶基所包；假茎长 4~10cm。花期叶全放，剑形或带状，长达 65cm，宽 1.5~3(~4.5)cm，两面无毛。花葶远高出叶外，密被短毛；花序密生多花。苞片宿存，反折，窄披针形，背面被毛；花黄绿、白或有时带紫色，萼片和花瓣反折；萼片近椭圆形，长 6~9mm；花瓣窄长圆状倒披针形，与萼片等长，宽 1.8~2.2mm，具爪，无毛，唇瓣宽三角形，与蕊柱翅合生，3 裂，侧裂片长圆形、镰状长圆形或卵状三角形，先端斜截或钝，中裂片 2 裂，裂口具短尖，裂片近长圆形向外叉开，先端斜平截，唇盘具 3 枚鸡冠状褶片；距圆筒形，镰状弯曲，被毛；蕊柱长约 3mm，蕊喙 2 裂，裂片近方形；药帽先端圆。

花 果 期：花期 6~7 月，果期 9~10 月。

分　　布：龙门保护站和东河保护站境内。

生　　境：生于海拔 300~700m 溪边和林下。

用　　途：药用和观赏。

致危因素：生境破碎化或丧失、过度采集和自然种群过小。

8 虾脊兰

Calanthe discolor (Wall.) Lindl.

国家重点保护级别	CITES 附录	IUCN 红色名录	极小种群
一	II	LC	否

形态特征：假鳞茎聚生，近圆锥形，具 3~4 枚鞘和 3 枚叶。花期叶未开放，倒卵状长圆形或椭圆形，长达 25cm，宽 4~9cm，下面被毛；叶柄长 4~9cm。花葶高出叶外，密被毛，花序疏生约 10 余朵花。苞片宿存，卵状披针形，长 4~7mm；花开展，萼片和花瓣褐紫色；中萼片稍斜椭圆形，长 1.1~1.3cm，背面中部以下被毛，侧萼片与中萼片等大；花瓣近长圆形或倒披针形，宽约 4mm，无毛；唇瓣白色，扇形，与蕊柱翅合生，与萼片近等长，3 裂，侧裂片镰状倒卵形，先端稍向中裂片内弯，基部约 1/2 贴生蕊柱翅外缘，中裂片倒卵状楔形，先端深凹，前端边缘有时具齿，唇盘具 3 枚膜片状褶片，褶片平直全缘，延伸至中裂片中部，前端三角形隆起；距圆筒形，长 0.5~1cm；蕊柱翅下延至唇瓣基部，蕊喙 2 裂，裂片尖齿状；药帽前端窄，先端近平截。

花 果 期：花期 4~5 月，果期 8~10 月。

分　　布：官山保护区全境。

生　　境：生于海拔 500~1000m 山地林下。

用　　途：药用和观赏。

致危因素：生境破碎化或丧失、过度采集和自然种群过小。

9 钩距虾脊兰

Calanthe graciliflora Hayata

国家重点保护级别	CITES 附录	IUCN 红色名录	极小种群
—	II	NT	否

形态特征：假鳞茎靠近，近卵球形，具3~4枚鞘和3~4枚叶；假茎长5~18cm，径约1.5cm。花期叶未全放，椭圆形或椭圆状披针形，长达33cm，两面无毛；叶柄长达10cm。花葶远高出叶外，被毛，花序疏生多花；花开展，萼片和花瓣背面褐色，内面淡黄色；中萼片近椭圆形，长1~1.5cm，侧萼片近似中萼片较窄；花瓣倒卵状披针形，长0.9~1.3cm，宽3~4mm，具短爪，无毛，唇瓣白色，3裂，侧裂片斜卵状楔形，与中裂片近等大，基部约1/3贴生蕊柱翅外缘，先端圆钝或斜截，中裂片近方形或倒卵形，长约4mm，先端近平截，稍凹，具短尖；唇盘具4个褐色斑点和3条肉质脊突，延伸至中裂片中部，末端三角形隆起；距圆筒形，长约1cm，常钩曲，内外均被毛；蕊柱翅下延至唇瓣基部与唇盘两侧脊突相连；蕊喙2裂，裂片三角形。

花 果 期：花期3~5月，果期9~10月。
分　　布：官山保护区全境。
生　　境：生于海拔300~1200m的山谷溪边、林下阴湿处。
用　　途：观赏和药用。
致危因素：生境破碎化或丧失、过度采集和自然种群过小。

⑩ 异钩距虾脊兰

Calanthe graciliflora f. *jiangxiensis* Bo Li, L. J. Kong & Bo Yun Yang

国家重点保护级别	CITES 附录	IUCN 红色名录	极小种群
一	II	一	否

形态特征：根状茎不明显。假鳞茎短小，近卵形，粗约 1.5cm，具 3~5 枚叶鞘和 2~3 枚叶片。假茎长 6~10cm，粗约 2cm。叶片椭圆形或倒椭圆形，长 30~40cm，宽 7~10cm，先端锐尖，基部收狭为长 5~8cm 的柄，两面无毛。花序柄从假茎上端的叶丛中伸出，长达 50cm，高出叶层之外，密被短柔毛，中下部常具 1 枚鳞片状的膜质鞘，宽卵形，长约 6mm；总状花序长约 15cm，疏生 7~10 朵花；苞片宿存，披针形，长 5~7mm，被短毛；花梗白色，连同绿色的子房长 2~2.5cm，弧形弯曲，密被短毛；花张开，平展或下垂，萼片和花瓣两面皆淡黄色；中萼片椭圆状披针形，长 12~15mm，宽 5~6mm，先端锐尖，具 3 条脉，仅中脉明显，无毛；侧萼片近于中萼片，稍狭；花瓣倒卵状披针形，长 11~14mm，宽 3~4mm，先端锐尖，基部收狭而具短爪，具 3 条脉，仅中脉明显，无毛；唇瓣白色，3 深裂；侧裂片卵状斧形或矩形，先端斜截形或圆钝；中裂片近方形或倒卵形，先端扩大，近截形并微凹，在凹处有一短突尖；唇盘上具 3 条平行的龙骨状脊，肉质，末端三角形隆起，中央龙骨脊稍长，止于中裂片先端凹处。距圆筒形，长 8~10mm，中部以下钩曲，末端变狭，并裂成 2 个不等的短尖；内外均被毛；蕊柱长 5~6mm，无毛；蕊柱翅下延至唇瓣基部并与唇盘两侧的龙骨状脊相连接；蕊喙 2 裂，裂片三角形，长约 1mm；药帽黑褐色，前端骤然收狭而成喙状。花粉团棒状，具明显的花粉团柄；不等长，每群中有 2 个较短，长约 1.5mm，两个较长，长约 2mm；黏盘长圆形，长约 0.5mm。

花 果 期：花期 3~5 月，果期 9~10 月。

分　　布：官山保护区全境。

生　　境：生于海拔 300~1100m 的山谷溪边、林下阴湿处。

用　　途：观赏。

致危因素：生境破碎化或丧失、过度采集和自然种群过小。

11 反瓣虾脊兰

Calanthe reflexa (Wall.) Maxim.

国家重点保护级别	CITES 附录	IUCN 红色名录	极小种群
—	II	LC	否

形态特征： 根状茎不明显；假鳞茎卵状圆锥形，径约 1cm，或不明显；假茎长 2~3cm，具 4~5 枚叶和 1~2 枚鞘。叶椭圆形，长 15~20cm，两面无毛；叶柄长 2~4cm，花期全部展开。花莛高出叶外，被短毛，花序疏生多花。苞片宿存，窄披针形，长 1.8~2.4cm，无毛；花梗纤细，连同子房均无毛；花粉红色，萼片和花瓣反折与子房平行，中萼片卵状披针形，长 1.5~2cm，先端尾尖，被毛，侧萼片与中萼片等大，歪斜，先端尾尖，被毛；花瓣线形，无毛，唇瓣基部与蕊柱中部以下的蕊柱翅合生，3 裂，侧裂片镰状，中裂片近椭圆形或倒卵状楔形，有齿，无距，蕊柱长约 6mm，无毛，上部两侧具齿突，蕊喙 3 裂，中裂片较短，侧裂片窄镰状。

花 果 期： 花期 5~6 月，果期 8~9 月。

分　　布： 东河保护站和龙门保护站境内。

生　　境： 生于海拔 600~2500m 的常绿阔叶林下、山谷溪边。

用　　途： 观赏和药用。

致危因素： 生境破碎化或丧失、过度采集和自然种群过小。

⑫ 无距虾脊兰

Calanthe tsoongiana Tang & F. T. Wang

国家重点保护级别	CITES 附录	IUCN 红色名录	极小种群
—	II	NT	否

形态特征： 鳞茎近圆锥形，被 3~4 枚鞘和 2~3 枚叶；假茎长约 9cm。花期叶未完全展开，叶倒卵状披针形或长圆形，长 27~37cm，宽 (2~)6cm，先端渐尖，下面被毛；具柄或无柄。花葶长达 55cm，密生毛；花序长 14~16cm，疏生多花。苞片宿存，长约 4mm；花淡紫色，萼片长圆形，长约 7mm，背面中下部疏生毛；花瓣近匙形，长约 6mm，宽 1.7mm，无毛；唇瓣与蕊柱翅合生，长约 3mm，3 裂，裂片长圆形，近等长，侧裂片较中裂片稍宽，宽约 1.3mm，先端圆，中裂片先端平截凹缺，具细尖；唇盘无褶脊和附属物，无距；蕊柱长约 3mm，腹面被毛，蕊喙很小，2 裂，药帽先端圆。

花 果 期： 花期 3~5 月，果期 7~9 月。

分　　布： 官山保护区全境。

生　　境： 生于海拔 450~1050m 的山坡林下、路边和阴湿岩石上。

用　　途： 观赏。

致危因素： 生境丧失和人为采挖。

⑬ 银 兰

Cephalanthera erecta (Thunb. ex A. Murray) Bl.

国家重点保护级别	CITES 附录	IUCN 红色名录	极小种群
—	II	LC	否

形态特征：高达 30cm。茎纤细，具 2~5 枚叶。叶椭圆形或卵状披针形，长 2~8cm，背面平滑，基部窄抱茎。花序长达 8cm，具 3~10 朵花。苞片最下 1 枚常叶状，有时长达花序 1/2 或与花序等长；花白色；萼片长圆状椭圆形，长 0.8~1cm；花瓣与萼片相似，稍短，唇瓣长 5~6mm，3 裂，有距，侧裂片卵状三角形或披针形，中裂片近心形或宽卵形，长约 3mm，宽 4~5mm，上面有 3 枚褶片，前方有乳突，距圆锥形，长约 3mm，末端尖，伸出侧萼片基部之外；蕊柱长 3.5~4mm。蒴果窄椭圆形或宽圆筒形，长约 1.5cm。

花 果 期：花期 4~6 月，果期 8~9 月。

分　　布：官山保护区全境。

生　　境：生于海拔 450~900m 的林下、灌丛中或沟边。

用　　途：观赏和药用。

14 金 兰

Cephalanthera falcata (Thunb.) Blume

国家重点保护级别	CITES 附录	IUCN 红色名录	极小种群
二	II	—	否

形态特征：高 20~50cm。茎直立，下部具 3~5 枚长 1~5cm 的鞘。叶 4~7 枚；叶片椭圆形、椭圆状披针形或卵状披针形，长 5~11cm，宽 1.5~3.5cm，先端渐尖或钝，基部收狭并抱茎。总状花序长 3~8cm，通常有 5~10 朵花；花苞片很小，长 1~2mm，最下面的 1 枚非叶状，长度不超过花梗和子房；花黄色，直立，稍微张开；萼片菱状椭圆形，长 1.2~1.5cm，宽 3.5~4.5mm，先端钝或急尖，具 5 条脉；花瓣与萼片相似，但较短，一般长 1~1.2cm；唇瓣长 8~9mm，3 裂，基部有距；侧裂片三角形，多少围抱蕊柱；中裂片近扁圆形，长约 5mm，宽 8~9mm，上面具 5~7 条纵褶片，中央的 3 条较高（0.5~1mm），近顶端处密生乳突；距圆锥形，长约 3mm，明显伸出侧萼片基部之外，先端钝；蕊柱长 6~7mm，顶端稍扩大。蒴果狭椭圆状，长 2~2.5cm，宽 5~6mm。

花 果 期：花期 4~5 月，果期 8~9 月。

分　　布：官山保护区全境。

生　　境：生于海拔 300~800m 的林下、灌丛中、草地上或沟谷的路边。

用　　途：观赏和药用。

致危因素：非法采挖、生境破坏以及病虫害。

⑮ 蜈蚣兰

Cleisostoma scolopendrifolium (Makino) Garay

国家重点保护级别	CITES 附录	IUCN 红色名录	极小种群
一	II	一	否

形态特征：植株匍匐，茎细长，分枝，多节。叶 2 列，疏离，稍两侧对折呈半圆柱形，长 5~8mm，径约 1.5mm，先端钝，基部具长约 5mm 抱茎鞘。总状花序具 1~2 朵花，侧生，较叶短。花梗和子房长 3mm；花质薄，萼片和花瓣淡肉色；中萼片卵状长圆形，长 3mm，侧萼片斜卵状长圆形，与中萼片等长较宽；花瓣近长圆形，较小，唇瓣白带黄色斑点，3 裂，侧裂片近三角形，上端钝，稍前弯，中裂片稍肉质，舌状三角形，长 3mm，基部具褶脊达距内；距近球形，内面背壁上方的胼胝体 3 裂，侧裂片角状，下弯，中裂片基部 2 裂呈马蹄状，距内隔膜不发达；蕊柱足短，蕊喙 2 裂，裂片近方形，宽厚，黏盘马鞍形。

花 果 期：花期 4 月，果期 6~7 月。

分　　布：龙门保护站境内。

生　　境：生于海拔 500~900m 以下崖石或山地林中树干上。

用　　途：观赏和药用。

致危因素：非法采挖、生境破坏。

16 杜鹃兰

Cremastra appendiculata (D. Don) Makino

国家重点保护级别	CITES 附录	IUCN 红色名录	极小种群
二级	—	—	否

形态特征：假鳞茎卵球形或近球形。叶常 1 枚，窄椭圆形或倒披针状窄椭圆形，长 18~34cm，宽 5~8cm；叶柄长 7~17cm。花葶长达 70cm，花序具 5~22 朵花。苞片披针形或卵状披针形；花梗和子房长 5~9mm；花常偏向一侧，多少下垂，不完全开放，有香气，窄钟形，淡紫褐色；萼片倒披针形，中部以下近窄线形，长 2~3cm，侧萼片略斜歪；花瓣倒披针形，长 1.8~2.6cm，上部宽 3~3.5mm，唇瓣与花瓣近等长，线形，3 裂，侧裂片近线形，长 4~5mm，中裂片卵形或窄长圆形，长 6~8mm，基部 2 枚侧裂片间具肉质突起；蕊柱细，长 1.8~2.5cm，顶端略扩大，腹面有时有窄翅。蒴果近椭圆形，下垂，长 2.5~3cm。

花 果 期：花期 5~6 月，果期 9~12 月。

分　　布：龙门保护站和西河保护站

生　　境：生于海拔 400~900m 的林下湿地或沟边湿地。

用　　途：主要用于园艺栽培、香料制作和药用。

致危因素：非法采挖、极端天气和环境变化以及病虫害风险增加。

17 斑叶杜鹃兰

Cremastra unguiculata (Finet) Finet

国家重点保护级别	CITES 附录	IUCN 红色名录	极小种群
—	II	CR	否

形态特征：假鳞茎卵球形或近球形，直径约 1.5cm，疏离，有节。叶 2 枚，生于假鳞茎顶端，狭椭圆形，长 10~15cm，宽 2~3cm，通常有紫斑，先端渐尖，基部收狭成长柄。花葶从假鳞茎上部或近顶端的节上发出，直立，纤细，长达 30cm，中下部有 2~3 枚筒状鞘；总状花序长 10~13cm，具 7~9 朵花；花苞片卵状披针形，长 4~5mm；花梗和子房长 9~13mm；花外面紫褐色，内面绿色而有紫褐色斑点，但唇瓣白色；萼片线状倒披针形或狭倒披针形，向基部明显收狭，长 1.7~2.2cm，上部宽约 2.5mm，先端急尖；侧萼片稍斜歪；花瓣狭倒披针形，长 1.5~2cm，上部宽 1~1.5mm；唇瓣长 1.3~1.5cm，约在上部 3/5 处 3 裂，下部有长爪；侧裂片线形，长 1~1.5mm；中裂片倒卵形，反折，与爪交成直角，长 5~6mm，宽 2.5~3.5mm，边缘皱波状，有不规则齿缺，先端钝或有齿缺，基部在两枚侧裂片之间具 1 枚肉质突起；蕊柱细长，长 1.2~1.3cm。

花 果 期：花期 5~6 月，果期 8~9 月。

分　　布：龙门保护站和西河保护站境内。

生　　境：生于海拔 400~700m 的混交林下。

用　　途：观赏和药用。

致危因素：栖息地破坏、非法采挖、气候变化、病虫害以及遗传多样性下降。

18 建 兰

Cymbidium ensifolium (L.) Sw.

国家重点保护级别	CITES 附录	IUCN 红色名录	极小种群
二级	II	VU	否

形态特征：假鳞茎卵球形，长 1.5~2.5cm，宽 1~1.5cm，包藏于叶基之内。叶 2~4(~6) 枚，带形，有光泽，长 30~60cm，宽 1~1.5(~2.5)cm，前部边缘有时有细齿，关节位于距基部 2~4cm 处。花葶从假鳞茎基部发出，直立，长 20~35cm 或更长，但一般短于叶；总状花序具 3~9(~13) 朵花；花苞片除最下面的 1 枚长可达 1.5~2cm 外，其余的长 5~8mm，一般不及花梗和子房长度的 1/3，至多不超过 1/2；花梗和子房长 2~2.5(~3)cm；花常有香气，色泽变化较大，通常为浅黄绿色而具紫斑；萼片近狭长圆形或狭椭圆形，长 2.3~2.8cm，宽 5~8mm；侧萼片常向下斜展；花瓣狭椭圆形或狭卵状椭圆形，长 1.5~2.4cm，宽 5~8mm，近平展；唇瓣近卵形，长 1.5~2.3cm，略 3 裂；侧裂片直立，多少围抱蕊柱，上面有小乳突；中裂片较大，卵形，外弯，边缘波状，亦具小乳突；唇盘上 2 条纵褶片从基部延伸至中裂片基部，上半部向内倾斜并靠合，形成短管；蕊柱长 1~1.4cm，稍向前弯曲，两侧具狭翅；花粉团 4 个，成 2 对，宽卵形。蒴果狭椭圆形，长 5~6cm，宽约 2cm。

花 果 期：花期 6~10 月，果期 9~12 月。
分　　布：官山保护区全境。
生　　境：生于海拔 400~800m 的常绿阔叶林或疏林下和灌丛中。
用　　途：主要用于观赏、药用和香料制作。
致危因素：栖息地破坏、非法采挖、气候变化以及遗传多样性下降。

19 蕙 兰

Cymbidium faberi Rolfe

国家重点保护级别	CITES 附录	IUCN 红色名录	极小种群
二级	II	—	否

形态特征：假鳞茎不明显。叶 5~8 枚，带形，近直立，长 25~80cm，宽 0.4~1.2cm，基部常对折呈"V"形，叶脉常透明，常有粗齿。花葶稍外弯，长 35~50cm，花序具 5~11 朵或更多花；苞片线状披针形，最下 1 枚长于子房，中上部的长 1~2cm；花梗和子房长 2~2.6cm；花常淡黄绿色，唇瓣有紫红色斑，有香气；萼片近披针状长圆形或窄倒卵形，长 2.5~3.5cm，宽 6~8mm；花瓣与萼片相似，常略宽短，唇瓣长圆状卵形，长 2~2.5cm，3 裂，侧裂片直立，具小乳突或细毛，中裂片较长，外弯，有乳突，边缘常皱波状，唇盘 2 枚褶片上端内倾，多少形成短管；蕊柱长 1.2~1.6cm；花粉团 4 个，成 2 对。蒴果窄椭圆形，长 5~5.5cm。

花 果 期：花期 3~5 月，果期 7~9 月。

分　　布：官山保护区全境。

生　　境：生于海拔 500~1100m 的阔叶林或混交林下湿润排水良好的透光处。

用　　途：园艺观赏和香料制作。

致危因素：栖息地破坏、非法采挖、气候变化以及遗传多样性下降。

⑳ 多花兰

Cymbidium floribundum Lindl.

国家重点保护级别	CITES 附录	IUCN 红色名录	极小种群
二 级	II	VU	否

形态特征：假鳞茎近卵球形，长 2.5~3.5cm，宽 2~3cm，稍压扁，包藏于叶基之内。叶通常 5~6 枚，带形，坚纸质，长 22~50cm，宽 8~18mm，先端钝或急尖，中脉与侧脉在背面凸起（通常中脉较侧脉更为凸起，尤其在下部），关节在距基部 2~6cm 处。花葶自假鳞茎基部穿鞘而出，近直立或外弯，长 16~28 (~35)cm；花序通常具 10~40 朵花；花苞片小；花较密集，直径 3~4cm，一般无香气；萼片与花瓣红褐色或偶见绿黄色，极罕灰褐色，唇瓣白色而在侧裂片与中裂片上有紫红色斑，褶片黄色；萼片狭长圆形，长 1.6~1.8cm，宽 4~7mm；花瓣狭椭圆形，长 1.4~1.6cm，萼片近等宽；唇瓣近卵形，长 1.6~1.8cm，3 裂；侧裂片直立，具小乳突；中裂片稍外弯，亦具小乳突；唇盘上有 2 条纵褶片，褶片末端靠合；蕊柱长 1.1~1.4cm，略向前弯曲；花粉团 2 个，三角形。蒴果近长圆形，长 3~4cm，宽 1.3~2cm。

花 果 期：花期 4~8 月，果期 7~9 月。
分 布：龙门保护站和东河保护站境内。
生 境：生于海拔 300~1100m 的林中或林缘树上，或溪谷旁透光的岩石上或岩壁上。
用 途：观赏和药用。
致危因素：栖息地破坏、非法采挖、气候变化以及遗传多样性下降。

21 春 兰

Cymbidium goeringii Rchb. F.

国家重点保护级别	CITES 附录	IUCN 红色名录	极小种群
二 级	II	VU	否

形态特征： 假鳞茎卵球形。叶 4~7 枚，带形，长 20~40cm，宽 5~9mm，下部常多少对折呈"V"形。花莛直立，长 3~15cm，花序具单花，稀 2 朵花；苞片长 4~5cm；花梗和子房长 2~4cm；花常绿色或淡褐黄色，有紫褐色脉纹，有香气；萼片近长圆形或长圆状倒卵形，长 2.5~4cm；花瓣倒卵状椭圆形或长圆状卵形，长 1.7~3cm；唇瓣近卵形，长 1.4~2.8cm，微 3 裂，侧裂片直立，具小乳突，内侧近褶片有肥厚皱褶状物，中裂片有乳突，边缘略波状，唇盘 2 枚褶片上部内倾靠合，多少形成短管状；蕊柱长 1.2~1.8cm。蒴果窄椭圆形，长 6~8cm。

花 果 期： 花期 1~3 月，果期 7~9 月。

分　　布： 官山保护区全境。

生　　境： 生于海拔 300~1200m 的阔叶林或针阔混交林林缘、林中透光处。

用　　途： 观赏和香料提取。

致危因素： 栖息地破坏、非法采挖、气候变化以及遗传多样性下降。

22 寒 兰

Cymbidium kanran Makino

国家重点保护级别	CITES 附录	IUCN 红色名录	极小种群
二 级	II	VU	否

形态特征： 假鳞茎窄卵球形，长 2~4cm。叶 3~7 枚，带形，薄革质，长 40~70cm，宽 0.9~1.7cm，前部常有细齿。花葶长 25~60cm，直立；总状花序疏生 5~12 朵花；苞片窄披针形，宽 1.5~2mm，中部与上部的长 1.5~2.6cm；花梗和子房长 2~2.5cm；花常淡黄绿色，唇瓣淡黄色，有浓香；萼片近线形或线状窄披针形，长 3~5cm，宽 3~5mm；花瓣常窄卵形或卵状披针形，长 2~3cm，宽 0.5~1cm，唇瓣近卵形，微 3 裂，长 2~3cm，侧裂片直立，有乳突状柔毛，中裂片外弯，上面有乳突状柔毛，边缘稍有缺刻，唇盘 2 枚褶片，上部内倾靠合成短管；蕊柱长 1~1.7cm；花粉团 4 个，成 2 对。蒴果窄椭圆形，长约 4.5cm。

花 果 期： 花期 8~12 月，果期翌年 6~8 月。

分　　布： 官山保护区全境。

生　　境： 生于海拔 400~1100m 的阔叶林下、林边。

用　　途： 观赏和药用。

致危因素： 栖息地破坏、非法采挖以及气候变化。

23 峨眉春蕙

Cymbidium omeiense Y. S. Wu & S. C. Chen

国家重点保护级别	CITES 附录	IUCN 红色名录	极小种群
二级	II	NT	否

形态特征： 假鳞茎不明显。叶 4~5 枚，带状。花莛具 3~4 朵花；花芳香，每年两次开花；萼片和花瓣淡黄绿色，花瓣具紫红色斑点，唇瓣淡黄绿色，中央有紫红色斑块，蕊柱淡黄色；萼片线形披针形，花瓣菱状披针形，唇瓣卵形，3 浅裂，侧裂片近圆形；中裂片下弯，卵形。

花 果 期： 花期 3~4 月，果期 8~9 月。

分　　布： 官山保护区全境

生　　境： 生于海拔 400~900m 的常绿阔叶林下。

用　　途： 观赏。

致危因素： 生境破碎化或丧失、过度采集和自然种群过小。

24 重唇石斛

Dendrobium hercoglossum Rchb. F.

国家重点保护级别	CITES 附录	IUCN 红色名录	极小种群
二 级	II	NT	否

形态特征：茎常下垂，圆柱形，有时棒状，长达 40cm。叶窄披针形，长 4~10cm，先端不等 2 裂，基部具抱茎鞘。花序生于已落叶的老茎上，常具 2~3 朵花，花序轴细，长 1.5~2cm，有时回折状弯曲，花序梗长 0.6~1cm；苞片卵状披针形；花开展，萼片和花瓣淡粉红色；中萼片卵状长圆形，长 1.3~1.8cm，侧萼片与中萼片相似，先端渐尖，基部较宽而歪斜，萼囊短小；花瓣倒卵状长圆形，长 1.2~1.5cm，唇瓣白色，直立，长约 1cm，前唇淡粉红色，三角形，无毛，后唇近半球形，前端密生流苏，内侧密生毛；蕊柱足长约 2mm；药帽前端啮蚀状。

花 果 期：花期 5~6 月，果期 7~8 月。

分　　布：龙门保护站境内。

生　　境：生于海拔 400~900m 的山谷湿润岩石上。

用　　途：观赏和药用。

致危因素：生境破碎化或丧失、过度采集和自然种群过小。

25 霍山石斛

Dendrobium huoshanense C. Z. Tang & S. J. Cheng

国家重点保护级别	CITES 附录	IUCN 红色名录	极小种群
一级	I	CR	是

形态特征：茎直立，长达 9cm，基部以上较粗，上部渐细。叶常 2~3 枚互生茎上部，舌状长圆形，长 9~21cm，宽 5~7mm，先端稍凹缺，基部具带淡紫红色斑点的鞘。花序生于已落叶老茎上部，具 1~2 朵花，花序梗长 2~3mm；苞片白色带栗色，卵形，长 3~4mm；花淡黄绿色；中萼片卵状披针形，长 1.2~1.4cm，宽 4~5mm，侧萼片镰状披针形，与中萼片等长，先端钝，基部歪斜而较宽；萼囊近矩形，长 5~7mm；花瓣卵状长圆形，与萼片近等长而甚宽，唇瓣近菱形，长宽均 1~1.5cm，基部楔形，具胼胝体，上部稍 3 裂，两侧裂片之间密生短毛，中裂片半圆状三角形，基部密生长白毛，上面具黄色横生椭圆形斑块；药帽近半球形，顶端稍凹缺。

花 果 期：花期 4~5 月，果期 7~8 月。
分　　布：龙门保护站境内。
生　　境：附生于海拔 500~800m 的山谷湿润岩石上。
用　　途：药用和观赏。
致危因素：生境破碎化或丧失、过度采集和自然种群过小。

㉖ 罗氏石斛

Dendrobium luoi L. J. Chen & W. H. Rao

国家重点保护级别	CITES 附录	IUCN 红色名录	极小种群
二　级	—	—	否

形态特征： 植株矮小。假鳞茎狭卵形。叶卵状狭椭圆形或狭长圆形长 1.1~2.2cm，宽 4~5mm。花序生于老茎上部，单花；花瓣淡黄色唇瓣淡黄色，具紫褐色斑块；中萼片狭卵状椭圆形，长 8~9mm，宽 3~4mm；侧萼片卵状三角形，长 11~12mm，宽 11~12mm；花瓣狭圆形，长 8~9mm，宽 3~4mm；唇瓣倒卵状匙形，不裂，长 1.7~1.8cm，宽 6~7mm，中央具 3 条粗厚脉纹状褶片，褶片密具乳突状毛；唇盘上部具乳突状短毛；蕊柱长 2~2.5mm，柱足长 1.0~1.2cm。

花 果 期： 花期 5 月，果期 8~9 月。

分　　布： 龙门保护站境内。

生　　境： 附生于海拔 500~800m 的湿润岩石上。

用　　途： 药用和观赏。

致危因素： 生境破碎化或丧失、过度采集和自然种群过小。

27 细茎石斛

Dendrobium moniliforme (L.) Sw.

国家重点保护级别	CITES 附录	IUCN 红色名录	极小种群
二级	II	—	否

形态特征：茎直立，细圆柱形，上下等粗，长达20cm或更长。叶革质，常互生茎中部以上，披针形或长圆形，长 3~4.5cm，宽 0.5~1cm，先端稍不等 2 裂，基部具抱茎鞘。花序 2 至数个，生于茎中部以上有叶或已落叶的老茎上，具 1~3 朵花，花序梗长 3~5mm；苞片干膜质，白色带褐色斑块，卵形，长不及 5mm；花黄绿、白或白色带淡紫红色，有时有香气；萼片和花瓣相似，卵状长圆形或卵状披针形，长 1~2.3cm，宽 1.5~8mm，侧萼片基部较宽而歪斜，萼囊倒圆锥形，长约 5mm；花瓣较萼片稍宽，唇瓣白色、淡黄绿或绿白色，具带淡褐、紫红或淡黄色斑块，卵状披针形，较萼片短，基部楔形，3 裂，侧裂片半卵形，直立，边缘常多少具细齿，中裂片卵状披针形，常具带色斑块，唇盘在两侧裂片之间密被柔毛。

花 果 期：花期 4~5 月，果期 8~9 月。

分　　布：东河保护站和龙门保护站境内。

生　　境：生于海拔 400~900m 的阔叶林中树干上或山谷岩壁上。

用　　途：观赏和药用。

致危因素：生境破碎化或丧失、过度采集和自然种群过小。

28 铁皮石斛

Dendrobium officinale Kimura & Migo

国家重点保护级别	CITES 附录	IUCN 红色名录	极小种群
二级	II	VU	否

形态特征：茎直立，圆柱形，长 9~35cm，粗 2~4mm，不分枝，具多节，节间长 1.3~1.7cm，常在中部以上互生 3~5 枚叶。叶二列，纸质，长圆状披针形，长 3~4(~7)cm，宽 9~11(~15)mm，先端钝并且多少钩转，基部下延为抱茎的鞘，边缘和中肋常带淡紫色；叶鞘常具紫斑，老时其上缘与茎松离而张开，并且与节留下 1 个环状铁青的间隙；总状花序常从落了叶的老茎上部发出，具 2~3 朵花；花序柄长 5~10mm，基部具 2~3 枚短鞘；花序轴回折状弯曲，长 2~4cm；花苞片干膜质，浅白色，卵形，长 5~7mm，先端稍钝；花梗和子房长 2~2.5cm；萼片和花瓣黄绿色，近相似，长圆状披针形，长约 1.8cm，宽 4~5mm，先端锐尖，具 5 条脉；侧萼片基部较宽阔，宽约 1cm；萼囊圆锥形，长约 5mm，末端圆形；唇瓣白色，基部具 1 个绿色或黄色的胼胝体，卵状披针形，比萼片稍短，中部反折，先端急尖，不裂或不明显 3 裂，中部以下两侧具紫红色条纹，边缘多少波状；唇盘密布细乳。

花 果 期：花期 3~6 月，果期 9~10 月。
分　　布：官山保护区全境有分布。
生　　境：生于海拔 500~900m 的石灰岩灌丛中。
用　　途：观赏和药用。
致危因素：生境破碎化或丧失、过度采集和自然种群过小。

29 单叶厚唇兰

Epigeneium fargesii (Finet) Gagnep.

国家重点保护级别	CITES 附录	IUCN 红色名录	极小种群
—	II	LC	否

形态特征：假鳞茎近卵形，顶生 1 枚叶。叶厚革质，干后栗色，卵形或卵状椭圆形，长 1~2.3cm，先端圆而凹缺。花单生于假鳞茎顶端，不甚张开；萼片和花瓣淡粉红色中萼片卵形，长约 1cm，侧萼片斜卵状披针形，长约 1.5cm，宽 6mm，先端尖，萼囊长约 5mm；花瓣卵状披针形，较侧萼片小，先端尖，唇瓣近白色，小提琴状，长约 2cm，前唇近肾形，伸展，先端深凹，唇约 2cm，前后唇等宽，宽约 1mm，具 2 条龙骨脊，末端达前唇基部如乳头状。

花 果 期：花期 4~5 月，果期 7~9 月。

分　　布：龙门保护站境内。

生　　境：生于海拔 500~700m 沟谷湿润的岩石上。

用　　途：观赏。

致危因素：生境破碎化或丧失、过度采集和自然种群过小。

㉚ 开宝兰

Eucosia viridiflora (Blume) M. C. Pace

国家重点保护级别	CITES 附录	IUCN 红色名录	极小种群
—	—	—	否

形态特征： 植株高达 20cm；根状茎长；茎具 2~3(~5) 枚叶；叶斜卵形、卵状披针形或椭圆形，长 1.5~6cm，基部圆，骤窄成柄，叶柄长 1~3cm；苞片卵状披针形，长 2cm，淡红褐色，边缘撕裂；子房圆柱形，扭转，淡红褐色，上部被柔毛，连花梗长 1.4~1.5cm；绿色，张开，无毛；萼片椭圆形，绿或带白色，长 1.25~1.5cm，中萼片与花瓣黏贴呈兜状，侧萼片极张开，向外伸展；花瓣斜菱形，白色，先端带红褐色，长 1.25~1.5cm，基部渐窄，唇瓣卵形，较薄，舟状，长 1.2~1.4cm，基部绿褐色，囊状，内面密具腺毛，前部白色，舌状，向下"之"字形弯曲，先端前伸；花药披针形，花茎长 7~10cm，带红褐色，被柔毛。

花 果 期： 花期 8~9 月，果期 10~11 月。

分　　布： 官山保护区全境。

生　　境： 生于海拔 300~900m 的林下、沟边或林区公路边的阴湿处。

用　　途： 观赏。

致危因素： 生境的丧失。

31 毛萼山珊瑚

Galeola lindleyana (Hook. f. & Thomson) Rchb. f.

国家重点保护级别	CITES 附录	IUCN 红色名录	极小种群
一	II	LC	否

形态特征：根状茎径达 3cm，疏被卵形鳞片；茎多少被毛或老时无毛，节具宽卵形鳞片。总状圆锥花序，侧生总状花序具数至 10 余朵花，花黄色，萼片椭圆形或卵状椭圆形，背面密被锈色短绒毛并具龙骨状凸起；侧萼片稍长于中萼片；花瓣宽卵形或近圆形，唇瓣杯状，不裂，边缘具短流苏，蕊柱棒状；果近长圆形，淡棕色，长 8~12(~20)cm，径 1.7~2.4cm。种子连翅宽达 1.3cm，种子具翅。

花 果 期：花期 5~8 月，果期 9~10 月。

分　　布：青洞保护站和龙门保护站境内。

生　　境：生于海拔 400~900m 的林下、灌丛中、沟边或多石处。

用　　途：观赏和药用。

致危因素：生境破碎化或丧失、过度采集和自然种群过小。

32 天　麻

Gastrodia elata Bl.

国家重点保护级别	CITES 附录	IUCN 红色名录	极小种群
二　级	II	LC	否

形态特征：植株高达 1.5m；根状茎块茎状，椭圆形，长 8~12cm；茎橙黄或蓝绿色，无绿叶，下部被数枚膜质鞘。花序长达 30(~50)cm，具 30~50 朵花；花梗和子房长 0.7~1.2cm；花扭转，橙黄或黄白色，近直立；花被筒长约 1cm，径 5~7mm，近斜卵状圆筒形，顶端具 5 枚裂片，两枚侧萼片合生处的裂口深达 5mm，筒基部向前凸出；外轮裂片（萼片离生部分）卵状角形，内轮裂片（花瓣离生部分）近长圆形，唇瓣长圆状卵形，长 6~7mm，3 裂，基部贴生蕊柱足末端与花被筒内壁有 1 对肉质胼胝体，上部离生，上面具乳突，边缘有不规则短流苏；蕊柱长 5~7mm，蕊柱足倒卵状椭圆形，长 1.4~1.8cm。

花 果 期：花期 5~7 月，果期 6~8 月。

分　　布：东河保护站和西河保护站境内。

生　　境：生于海拔 400~900m 的疏林下、林中空地和林缘灌丛边缘。

用　　途：药用和观赏。

致危因素：生境破碎化或丧失、过度采集和自然种群过小。

33 小小斑叶兰

Goodyera pusilla Bl.

国家重点保护级别	CITES 附录	IUCN 红色名录	极小种群
—	—	—	否

形态特征：植株高 8~11cm。根状茎匍匐、茎状、具节。茎直立，近基部具 3~4 枚叶。叶片卵形或长圆状披针形，肉厚，长 2.5~4.5cm，宽 1.2~1.5cm，先端急尖，基部圆形，上面深绿色，具带黄色、优美、有光泽的网脉纹，背面带淡红色，具柄，叶柄长 5~10mm。花茎密被长柔毛，总状花序具 13 朵花，偏向一侧，长 4cm，花序之下具 2 枚鞘状苞片；花苞片卵状披针形，直立，先端长渐尖，边缘全缘，较子房稍短；子房圆柱状纺锤形，无毛，连花梗长 5~7mm；花小，淡红色，较密生；萼片背面无毛，具 1 条脉，中萼片椭圆形，凹陷，长 3mm，宽 2.2mm，先端钝，与花瓣黏合呈兜状；侧萼片略张开，斜卵状披针形，长 4mm，基部宽 1.8mm，先端背面呈舟状，急尖；花瓣镰状倒披针形，无毛，长 3mm，前部宽 1mm，先端钝，顶部边缘具锯齿，具 1 条脉；唇瓣长 5mm，前部近四方形，长约 2mm，凹陷，边缘具短的流苏状齿，基部凹陷呈囊状，长约 3mm，平展宽约 3.5mm，内面具密的长柔毛；蕊柱粗短；花药正三角状倒卵形，2 室；蕊喙直立，叉状 2 裂；柱头 1 枚，近圆形，位于蕊喙之下。

花 果 期：花期 7~8 月，果期 9~11 月。
分　　布：官山保护区全境有分布。
生　　境：生于海拔 300~800m 的林下阴处或河谷边。
用　　途：药用和观赏。
致危因素：生境丧失。

34 斑叶兰

Goodyera schlechtendaliana Rchb. F.

国家重点保护级别	CITES 附录	IUCN 红色名录	极小种群
一	II	NT	否

形态特征： 草本。植株高达35cm；根状茎匍匐；茎直立，绿色，具4~6枚叶；叶卵形或卵状披针形，长3~8cm，上面具白或黄白色不规则点状斑纹，下面淡绿色，基部近圆或宽楔形；叶柄长0.4~1cm；花茎高10~28cm，被长柔毛，具3~5枚鞘状苞片；花序疏生几朵至20余朵近偏向一侧的花，长8~20cm；苞片披针形，长约1.2cm，背面被柔毛；子房扭转，被长柔毛，连花梗长0.8~1cm；花白或带粉红色，萼片背面被柔毛，中萼片窄椭圆状披针形，长0.7~1cm，舟状，与花瓣黏贴呈兜状，侧萼片卵状披针形，长7~9mm；花瓣菱状倒披针形，长0.7~1cm，唇瓣卵形，长6~8.5mm，基部凹入呈囊状，宽3~4mm，内面具多数腺毛，前端舌状，略下弯；花药卵形。

花 果 期： 花期8~10月，果期11~12月。

分　　布： 官山保护区全境。

生　　境： 生于海拔350~900m的山坡、沟谷阔叶林下和林区公路边。

用　　途： 药用和观赏。

致危因素： 生境破碎化或丧失、过度采集和自然种群过小。

35 绒叶斑叶兰

Goodyera velutina Maxim.

国家重点保护级别	CITES 附录	IUCN 红色名录	极小种群
—	II	LC	否

形态特征：植株高达 16cm。根状茎长。茎暗红褐色，具 3~5 枚叶。叶卵形或椭圆形，长 2~5cm，基部圆，上面深绿色或暗紫绿色，天鹅绒状，沿中脉具白色带，下面紫红色；叶柄长 1~1.5cm。花茎长 4~8cm，被柔毛，具 2~3 枚鞘状苞片；花序具 6~15 朵偏向一侧的花；苞片披针形，红褐色，长 1~1.2cm；子房圆柱形，扭转，绿褐色，被柔毛，连花梗长 0.8~1.1cm；花萼片微张开，淡红褐或白色，凹入，背面被柔毛，中萼片长圆形，长 0.7~1.2cm，与花瓣黏贴呈兜状，侧萼片斜卵状椭圆形或长椭圆形，长 0.8~1.2cm，先端钝；花瓣斜长圆状菱形，无毛，长 0.7~1.2cm，宽 3.5~4.5mm，基部渐窄，上半部具红褐色斑，唇瓣长 6.5~9mm，基部囊状，内面有多数腺毛，前部舌状，舟形，先端下弯；花药卵状心形，先端渐尖。

花 果 期：花期 8~10 月，果期 11~12 月。

分　　布：东河保护站和西河保护站境内。

生　　境：生于海拔 1200~1850m 的山坡阔叶林下。

用　　途：药用和观赏。

致危因素：生境破碎化或丧失、过度采集和自然种群过小。

36 长苞羊耳蒜

Liparis inaperta Finet

国家重点保护级别	CITES 附录	IUCN 红色名录	极小种群
一	II	CR	否

形态特征： 植株较小。假鳞茎稍密集，卵形，长 4~7mm，直径 3~5mm，顶端具 1 枚叶。叶倒披针状长圆形至近长圆形，纸质，长 2~7cm，宽 6~13mm，先端渐尖，基部收狭成柄，有关节；叶柄长 7~15mm。花葶长 4~8cm；花序柄稍压扁，两侧具很狭的翅，下部无不育苞片；总状花序具数朵花；花苞片狭披针形，长 3~5mm，在花序基部的长可达 7mm；花梗和子房长 4~7mm；花淡绿色，早期常呈管状，因中萼片两侧与侧萼片靠合所致，但后期分离；中萼片近长圆形，长约 4.5mm，宽 1.2mm，先端钝；侧萼片近卵状长圆形，斜歪，较中萼片略短而宽；花瓣狭线形，多少呈镰刀状，长 3.5~4mm，宽约 0.6mm，先端钝圆；唇瓣近长圆形，向基部略收狭，长 3.5~4mm，上部宽 1.5~2mm，先端近截形并具不规则细齿，近中央有细尖，无胼胝体或褶片；蕊柱长 2.5~3mm，稍向前弯曲，上部有翅；翅近三角形，宽达 0.8mm，多少向下延伸而略呈钩状；药帽前端有短尖。蒴果倒卵形，长 5~6mm，宽 4~5mm；果梗长 4~5mm。

花 果 期： 花期 9~10 月，果期翌年 5~6 月。

分　　布： 东河保护站和西河保护站境内。

生　　境： 生于海拔 500~1000m 的林下或山谷水旁的岩石上。

用　　途： 药用和观赏。

致危因素： 生境破碎化或丧失、过度采集和自然种群过小。

37 广东羊耳蒜

Liparis kwangtungensis Schltr.

国家重点保护级别	CITES 附录	IUCN 红色名录	极小种群
—	II	LC	否

形态特征：植株较矮小。假鳞茎近卵形或卵圆形，长 5~7mm，直径 3~5mm，顶端具 1 枚叶。叶近椭圆形或长圆形，纸质，长 2~5cm，宽 7~11mm，先端渐尖，基部收狭成明显的柄，有关节。花葶长 3~5.5cm；花序柄略压扁，两侧具很狭的翅，下部无不育苞片；总状花序长 1.5~2.5cm，具数朵花；花苞片狭披针形，长 3~4mm；花梗和子房长 3~4mm；花绿黄色，很小；萼片宽线形，长 4~4.5mm，宽 1~1.2mm，先端钝；侧萼片比中萼片略短而宽；花瓣狭线形，长 3.5~4mm，宽约 0.5mm；唇瓣倒卵状长圆形，长 4~4.5mm，上部宽约 2mm，先端近截形并具不规则细齿，中央有短尖，基部具 1 个胼胝体，较少胼胝体仅略肥厚而不甚明显；蕊柱长 2.5~3mm，稍向前弯曲，上部具翅；翅近披针状三角形，宽约 0.7mm，多少下弯而略呈钩状。蒴果倒卵形，长 4~5mm，宽 3~4mm；果梗长 3~4mm。

花 果 期：花期 10 月，果期翌年 3~4 月。

分　　布：东河保护站和西河保护站境内。

生　　境：生于海拔 500~800m 的林下或溪谷旁岩石上。

用　　途：观赏。

致危因素：生境破碎化或丧失、过度采集和自然种群过小。

38 见血青

Liparis nervosa (Thunb. ex A. Murray) Lindl.

国家重点保护级别	CITES 附录	IUCN 红色名录	极小种群
—	II	LC	否

形态特征：茎（或假鳞茎）圆柱状，肥厚，肉质，有数节，长 2~8(~10)cm，直径 5~7(~10)mm，通常包藏于叶鞘之内，上部有时裸露。叶(2~)3~5 枚，卵形至卵状椭圆形，膜质或草质，长 5~11(~16)cm，宽 3~5(~8)cm，先端近渐尖，全缘，基部收狭并下延成鞘状柄，无关节；鞘状柄长 2~3(~5)cm，大部分抱茎。花莛发自茎顶端，长 10~20(~25)cm；总状花序通常具数朵至 10 余朵花，罕有花更多；花序轴有时具很狭的翅；花苞片很小，三角形，长约 1mm，极少能达 2mm；花梗和子房长 8~16mm；花紫色；中萼片线形或宽线形，长 8~10mm，宽 1.5~2mm，先端钝，边缘外卷，具不明显的 3 条脉；侧萼片狭卵状长圆形，稍斜歪，长 6~7mm，宽 3~3.5mm，先端钝，亦具 3 条脉；花瓣丝状，长 7~8mm，宽约 0.5mm，亦具 3 条脉；唇瓣长圆状倒卵形，长约 6mm，宽 4.5~5mm，先端截形并微凹，基部收狭并具 2 个近长圆形的胼胝体；蕊柱较粗壮，长 4~5mm，上部两侧有狭翅。蒴果倒卵状长圆形或狭椭圆形，长约 1.5cm，宽约 6mm；果梗长 4~7mm。

花 果 期：花期 2~7 月，果期 10 月。

分　　布：官山保护区内全境分布。

生　　境：生于海拔 400~900m 的林下、溪谷旁、草丛阴处或岩石覆土上。

用　　途：药用和观赏。

致危因素：生境破碎化或丧失、过度采集和自然种群过小。

39 香花羊耳蒜

Liparis odorata (Willd.) Lindl.

国家重点保护级别	CITES 附录	IUCN 红色名录	极小种群
—	II	LC	否

形态特征： 假鳞茎近卵形，长 1.3~2.2cm，被白色薄膜质鞘。叶 2~3 枚，近直立或斜立，窄椭圆形或长圆状披针形，膜质或草质，长 6~17cm，宽 2.5~6cm，基部为鞘状柄，无关节。花葶长达 40cm，花序疏生数朵至 10 余朵花；苞片常平展，长 4~6mm；花绿黄或淡绿褐色；中萼片线形，长 7~8mm，宽约 1.5mm，边缘外卷，侧萼片卵状长圆形，稍斜歪，长 6~7mm；花瓣近窄线形，长 6~7mm，宽约 0.8mm，边缘外卷，唇瓣倒卵状长圆形，长约 5.5mm，先端近平截，微凹，上部有细齿，近基部有 2 个三角形胼胝体，高约 0.8mm；蕊柱长约 4.5mm，两侧有窄翅，向上翅渐宽。蒴果倒卵状长圆形或椭圆形，长 1.0~1.5cm。

花 果 期： 花期 4~7 月，果期 10 月。
分　　布： 龙门保护站境内。
生　　境： 生于海拔 400~700m 的常绿阔叶林下或阴湿的岩石覆土上或地上。
用　　途： 药用和观赏。
致危因素： 生境丧失。

40 风 兰

Neofinetia falcata (Thunb. ex A. Murray) H. H. Hu

国家重点保护级别	CITES 附录	IUCN 红色名录	极小种群
一	II	EN	否

形态特征：植株高 8~10cm。茎长 1~4cm，稍扁，被叶鞘所包。叶厚革质，狭长圆状镰刀形，长 5~12cm，宽 7~10mm，先端近锐尖，基部具彼此套叠的"V"字形鞘。总状花序长约 1cm，具 2~3(~5) 朵花；花苞片卵状披针形，长 7~9mm，先端渐尖；花梗和子房长 2.8~5cm，具 5 条肋；花白色，芳香；中萼片近倒卵形，长 8~10mm，宽 2.5~4mm，先端钝，具 3 条脉；侧萼片向前叉开，与中萼片相似而等大，上半部向外弯，背面中肋近先端处龙骨状隆起；花瓣倒披针形或近匙形，长 8~10mm，宽 2.2~3mm，先端钝，具 3 条脉；唇瓣肉质，3 裂；侧裂片长圆形，长 3.5~4mm，宽 0.8~1mm，先端钝；中裂片舌形，长 7~8mm，宽 2~2.5mm，先端钝并且凹缺，基部具 1 枚三角形的胼胝体，上面具 3 条稍隆起的脊突；距纤细，弧形弯曲，长 3.5~5cm，粗 1.5~2mm，先端稍钝；蕊柱长约 2mm；蕊柱翅在蕊柱上部扩大成三角形；药帽白色，两侧褐色，前端收狭成三角形。

花 果 期：花期 4~5 月，果期 8~9 月。

分　　布：龙门保护站境内、黄岗和天宝镇。

生　　境：生于海拔 380~800m 的山地林中树干上和湿润的岩石上。

用　　途：观赏。

致危因素：生境退化或丧失、人为采挖。

41 小沼兰

Oberonioides microtatantha (Schltr.) Szlach.

国家重点保护级别	CITES 附录	IUCN 红色名录	极小种群
—	II	NT	否

形态特征：假鳞茎小，卵形或近球形，长 3~8mm，直径 2~7mm，外被白色的薄膜质鞘。叶 1 枚，接近铺地，卵形至宽卵形，长 1~1.5(~2)cm，宽 5~13mm，先端急尖，基部近截形，有短柄；叶柄鞘状，长 5~10mm，抱茎。花葶直立，纤细，常紫色，略压扁，两侧具很狭的翅；总状花序长 1~2cm，通常具 10~20 朵花；花苞片宽卵形，长约 0.5mm，多少围抱花梗；花梗和子房长 1~1.3mm，明显长于

花苞片；花很小，黄色；中萼片宽卵形至近长圆形，长 1~1.2mm，宽约 0.7mm，先端钝，边缘外卷；侧萼片三角状卵形，大小与中萼片相似；花瓣线状披针形或近线形，长约 0.8mm，宽约 0.3mm；唇瓣位于下方，近披针状三角形或舌状，长约 0.7mm，中部宽约 0.6mm，先端近渐尖，基部两侧有 1 对横向伸展的耳；耳线形或狭长圆形，长 6~7mm，宽 2~3mm，通常直立；蕊柱粗短，长约 0.3mm。

花 果 期：花期 4 月，果期 6~7 月。
分　　布：官山保护区全境。
生　　境：生于海拔 200~700m 的林下或阴湿处的岩石上。
用　　途：主要用于观赏。
致危因素：生境破碎化或丧失、过度采集和自然种群过小。

42 东亚蝴蝶兰

Phalaenopsis subparishii (Z. H. Tsi) Kocyan & Schuit.

国家重点保护级别	CITES 附录	IUCN 红色名录	极小种群
一	II	EN	否

形态特征：茎长达 2cm，叶近基生，长圆形或倒卵状披针形，长 5.5~19cm，宽 1.5~3.4cm。花序长达 10cm；花有香气，稍肉质，开展，黄绿色带淡褐色斑点；中萼片近长圆形，长 1.6~2cm，先端细尖而下弯，背面中肋翅状，侧萼片与中萼片相似较窄，背面中肋翅状；花瓣近椭圆形，长 1.5~1.8cm，先端尖，唇瓣 3 裂，与蕊柱足形成活动关节，侧裂片半圆形，稍有齿；中裂片肉质，窄长圆形，长 6mm，宽约 1.2mm，背面近先端具喙状突起，上面具褶片，全缘；距角状，长约 1cm，距口前方具圆锥形胼胝体；蕊柱长约 1cm，蕊柱足很短。

花 果 期：花期 5 月，果期 8~9 月。

分　　布：东河保护站和西河保护站境内。

生　　境：生于海拔 400~850m 的山地疏生林中树干上。

用　　途：观赏。

致危因素：自然种群过小。

43 细叶石仙桃

Pholidota cantonensis Rolfe

国家重点保护级别	CITES 附录	IUCN 红色名录	极小种群
一	II	LC	否

形态特征：根状茎匍匐，分枝，直径 2.5~3.5mm，密被鳞片状鞘，通常相距 1~3cm 生假鳞茎，节上疏生根。假鳞茎狭卵形至卵状长圆形，长 1~2cm，宽 5~8mm，基部略收狭成幼嫩时为箨状鳞片所包，顶端生 2 枚叶。叶线形或线状披针形，纸质，长 2~8cm，宽 5~7mm，先端短渐尖或近急尖，边缘常多少外卷，基部收狭成柄；叶柄长 2~7mm。花葶生于幼嫩假鳞茎顶端，发出时其基部连同幼叶均为鞘所包，长 3~5cm；总状花序通常具 10 余朵花，花序轴不曲折；花苞片卵状长圆形，早落。花梗和子房长 2~3mm；花小，白色或淡黄色，直径约 4mm；中萼片卵状长圆形，长 3~4mm，宽约 2mm，多少呈舟状，先端钝，背面略具龙骨状凸起；侧萼片卵形，斜歪，略宽于中萼片；花瓣宽卵状菱形或宽卵形，长、宽 2.8~3.2mm；唇瓣宽椭圆形，长约 3mm，宽 4~5mm，整个凹陷而成舟状，先端近截形或钝，唇盘上无附属物；蕊柱粗短，长约 2mm，顶端两侧有翅；蕊喙小。蒴果倒卵形，长 6~8mm，宽 4~5mm；果梗长 2~3mm。

花 果 期：花期 4 月，果期 8~9 月。

分　　布：官山保护区全境。

生　　境：生于海拔 200~850m 的林中或荫蔽处的岩石上。

用　　途：药用和观赏。

致危因素：生境破碎化或丧失、过度采集和自然种群过小。

44 马齿苹兰

Pinalia szetschuanica (Schltr.) S. C. Chen & J. J. Wood

国家重点保护级别	CITES 附录	IUCN 红色名录	极小种群
—	II	LC	否

形态特征： 假鳞茎密集地排列于根状茎上，长圆形，稍弯曲，长 1~3cm，粗 5~10mm，基部被鞘的纤维状残余物，顶生 2~4 枚叶。叶长圆状披针形，长 4~10cm，宽 6~11mm，先端钝，基部渐狭，具 6~8 条主脉。花序 1~2 个，自假鳞茎顶端叶的内侧发出，较叶短，具 1~3 朵花；花序柄长约 2cm，基部具小的鞘状叶；花序轴常被淡褐色长柔毛；花苞片披针形，长约 6mm，宽近 1.5mm，先端急尖。花梗和子房长于花苞片，被褐色长柔毛；花白色，但唇瓣为黄色；中萼片椭圆形，长约 8mm，宽约 3mm，先端钝；侧萼片斜长圆形，长约 8mm，宽近 4mm，先端钝，基部与蕊柱足合生成萼囊；花瓣倒卵状长圆形，长约 8mm，宽约 2mm；唇瓣倒卵形，长约 6mm，宽近 5mm，基部渐收窄，3 裂；侧裂片近半圆形，长宽各约 2.5mm，先端圆钝；中裂片卵形，较侧裂片长或等长，宽约 2mm，先端钝，增厚，上面具疣状突起；唇盘中央自基部发出 3 条线纹至中裂片基部；蕊柱长约 3mm；蕊柱足长约 3mm；花药半圆形，高约 1mm。蒴果圆柱形，长约 1.5cm，被褐色长柔毛。

花 果 期： 花期 5~6 月，果期 8~9 月。
分　　布： 东河保护站、西河保护站和龙门保护站境内。
生　　境： 生于海拔 400~800m 的山谷岩石上。
用　　途： 观赏与药用。
致危因素： 生境破碎化或丧失、过度采集和自然种群过小。

45 尾瓣舌唇兰

Platanthera mandarinorum Rchb. f.

国家重点保护级别	CITES 附录	IUCN 红色名录	极小种群
—	—	—	否

形态特征：植株高达 45cm。根状茎指状或纺锤形，径 5~6mm。茎细长，下部具 1 枚大叶，其上具 2~4 枚披针形小叶。大叶椭圆形、长圆形，稀线状披针形，长 5~10cm，宽 1.5~2.5cm，基部鞘状抱茎。花序疏生 7~20 余朵花，长 6~22cm。苞片披针形，长 1~1.6cm；子房稍弧曲，连花梗长 1~1.4cm；花黄绿色；中萼片宽卵形或心形，凹入，长 4~4.5mm，侧萼片反折，斜长圆状披针形或宽披针形，长 6.5~7mm；花瓣淡黄色，长 5~6mm，上部尾状线形，增厚，向外张开，不与中萼片靠合；唇瓣淡黄色，下垂，披针形或舌状披针形，长 7~8mm，宽约 1mm，先端钝；距细圆筒状，长 2~3cm，向后斜伸，有时多少上举；粘盘近圆形；柱头 1 枚，凹下，位于蕊喙之下穴内。

花 果 期：花期 4~6 月，果期 7~8 月。

分 布：东河保护站境内。

生 境：生于海拔 600~1000m 的山坡林下或草地中。

用 途：观赏和药用。

致危因素：生境丧失和自然种群过小。

46 小舌唇兰

Platanthera minor (miq.) Rchb. F.

国家重点保护级别	CITES 附录	IUCN 红色名录	极小种群
—	II	LC	否

形态特征：植株高达 60cm。块茎椭圆形。茎下部具 1~2(3) 枚大叶，上部具 2~5 枚披针形或线状披针形小叶。叶互生，大叶椭圆形、卵状椭圆形或长圆状披针形，长 6~15cm，基部鞘状抱茎。花序疏生多花，长 10~18cm。苞片卵状披针形，长 0.8~2cm；子房连花梗长 1~1.5cm；花黄绿色；中萼片直立，舟状，宽卵形，长 4~5mm，侧萼片反折，稍斜椭圆形，长 5~6(7)mm；花瓣直立，斜卵形，长 4~5mm，基部前侧扩大，与中萼片靠合呈兜状；唇瓣舌状，肉质，下垂，长 5~7mm，宽 2~2.5mm；距细圆筒状，下垂，稍向前弧曲，长 1.2~1.8cm；黏盘圆形；柱头 1 枚，凹下，位于蕊喙之下。

花 果 期：花期 5~7 月，果期 8~10 月。
分　　布：东河、西河和龙门保护站境内。
生　　境：生于海拔 350~700m 的山坡林下或草地。
用　　途：观赏和药用。
致危因素：生境破碎化或丧失、过度采集和自然种群过小。

47 小花蜻蜓兰

Platanthera ussuriensis (Regel & Maack) Maxim.

国家重点保护级别	CITES 附录	IUCN 红色名录	极小种群
—	II	NT	否

形态特征：植株高达 55cm，根状茎指状，弓曲。茎下部具 2~3 枚大叶，其上具 1 至几枚小叶；大叶匙形或窄长圆形，长 6~10cm。花序疏生 10~20 余花；苞片窄披针形花淡黄绿色中萼片舟状，宽卵形，长 2.5~3mm，侧萼片斜窄椭圆形，较中萼片略窄长；花瓣直立，窄长圆状披针形，宽约 1mm，与中萼片靠合，稍肉质，先端钝或近平截唇瓣前伸，稍下弯，舌状披针形，肉质，长约 4mm，基部两侧具近半圆形侧裂片，中裂片舌状披针形或舌状，宽约 1mm；距细圆筒状，长 8~9mm。

花 果 期：花期 7~8 月，果期 9~10 月。

分　　布：官山保护区全境。

生　　境：生于海拔 400~800m 的山坡林下、林缘或沟边。

用　　途：观赏和药用。

致危因素：生境破碎化或丧失、过度采集和自然种群过小。

48 台湾独蒜兰

Pleione formosana Hayata

国家重点保护级别	CITES 附录	IUCN 红色名录	极小种群
二级	II	VU	否

形态特征： 半附生或附生草本。假鳞茎扁卵形或卵球形，上端有颈，顶端具 1 枚叶。花期叶幼嫩。叶椭圆形或倒披针形，纸质，长 10~30cm，叶柄长 3~4cm。花葶无叶假鳞茎基部，长 7~16cm，顶具 1(2) 朵花。苞片长于花梗和子房；花白色至粉红色，长 4.2~5.7cm，侧萼片窄椭圆状倒披针形，长 4~5.5cm，花瓣线状倒披针形，长 4.2~6cm，唇瓣宽卵状椭圆形或近圆形，长 4~5.5cm，不明显 3 裂，先端微缺，上部撕裂状，上面具 2~5 枚褶片，中央 1 枚褶片短或无，

褶片有间断，全缘或啮蚀状；蕊柱长 2.8~4.2cm，顶部具齿。蒴果纺锤状，长 4cm，黑褐色。

花 果 期： 花期 4~5 月，果期 7~8 月。
分　　布： 龙门保护站境内。
生　　境： 生于海拔 600~1000m 的林下或林缘腐殖质丰富的土壤和岩石上。
用　　途： 观赏和药用。
致危因素： 生境破碎化或丧失、过度采集和自然种群过小。

49 朱 兰

Pogonia japonica Rchb. F.

国家重点保护级别	CITES 附录	IUCN 红色名录	极小种群
一	II	NT	否

形态特征：植株高达 25cm。根状茎直生，具稍肉质根。茎中部或中上部具 1 枚叶。叶稍肉质，近长圆形或长圆状披针形，长 3.5~6(~9)cm，基部抱茎。苞片叶状，长 1.5~2.5(~4)cm；花梗和子房长 1~1.5(~1.8)cm；花中朵顶生，常紫红或淡紫红色巧片窄长圆状倒披针形，长 1.5~2.2cm，中脉两侧不对称；花瓣与萼片相似，宽 3.5~5mm；唇瓣近窄长圆形，长 1.4~2cm，向基部略收窄，中部以上 3 裂；侧裂片顶端有不规则缺刻或流苏中裂片舌状或倒卵形，约占唇瓣全长的 1/3~2/5，具流苏状齿缺；唇瓣基部有 2~3 枚纵褶片延至中裂片，褶片常靠合成肥厚脊，中裂片有鸡冠状流苏或流苏状毛；蕊柱细，长 0.7~1cm，上部具窄翅。蒴果长圆形，长 2~2.5cm。

花 果 期：花期 5~7 月，果期 9~10 月。

分　　布：龙门保护站境内。

生　　境：生于海拔 400~800m 的山顶草丛中、山谷旁林下、灌丛下湿地或其他湿润之地。

用　　途：观赏和药用。

致危因素：生境破碎化或丧失、过度采集和自然种群过小。

⑤⓪ 无柱兰

Ponerorchis gracilis (Blume) X. H. Jin, Schuit. & W. T. Jin

国家重点保护级别	CITES 附录	IUCN 红色名录	极小种群
—	II	—	否

形态特征：植株高达30cm；块茎卵形或长圆状椭圆形。茎近基部具1枚叶，其上具1~2枚小叶；叶窄长圆形、椭圆状长圆形或卵状披针形，长5~12cm。花序具5~20朵偏向一侧的花；苞片卵状披针形或卵形子房扭转，连花梗长0.7~1cm；花粉红或紫红色；中萼片卵形，长2.5~3mm，侧萼片斜卵形或倒卵形，长3mm；花瓣斜椭圆形或斜卵形，长2.5~3mm；唇瓣较萼片和花瓣大，倒卵形，长3.5~5(~7)mm，基部楔形，具距，中部以上3裂，侧裂片镰状线形、长圆形或三角形，先端钝或平截，中裂片倒卵状楔形，先端平截、圆或圆而具短尖或凹缺；距圆筒状，几直伸，下垂，长2~3(~5)mm。

花 果 期：花期6~7月，果期9~10月。
分　　布：龙门保护站境内。
生　　境：生于海拔300~800m的山坡沟谷边或林下阴湿处覆有土的岩石上。
用　　途：观赏和药用。
致危因素：生境破碎化或丧失、过度采集和自然种群过小。

51 香港绶草

Spiranthes hongkongensis S. Y. Hu & Barretto

国家重点保护级别	CITES 附录	IUCN 红色名录	极小种群
—	II	—	否

形态特征：植株高 11~44cm。根直径 1.5~3.5mm。叶 2~6 枚，直立平展，线形至倒披针形，4~12cm × 0.5~0.9cm，先端锐尖。花序直立，10~42cm，上部变得浓密具腺短柔毛；轴 3.5~13cm，有许多螺旋状排列的花；花苞片披针形，疏生腺状短柔毛，先端渐尖；花乳白色；子房绿色，约 4mm，具腺短柔毛；背萼片形成有花瓣的帽状物，长圆形，聚伞状，约 4mm × 1.5mm，外表面腺状短柔毛，先端钝；侧萼片长圆形披针形，稍斜，约 4mm × 1.5mm，外表面具腺短柔毛，先端钝；花瓣有时微染淡粉红色，长圆形，稍斜，约等长于萼片背侧，纹理薄，先端钝；唇部宽长圆形，4~5mm × 2.5mm，基部加厚，具 2 个透明球形腺体，侧缘直立和皱折，先端截形钝和下弯；花盘具乳突。柱直立，约 1mm；花药卵球形；花粉约 1mm；喙三角形披针形；柱头稍突起，盾形，明显 3 裂。

花 果 期：花期 4~5 月，果期 7~8 月。

分　　布：龙门保护站境内。

生　　境：生于海拔 400~900m 的开放潮湿沟边的山坡岩石或路边草丛。

用　　途：观赏和药用。

致危因素：生境破碎化或丧失、过度采集和自然种群过小。

52 绶 草

Spiranthes sinensis (Pers.)Ames

国家重点保护级别	CITES 附录	IUCN 红色名录	极小种群
—	II	LC	否

形态特征：植株高达 30cm。茎近基部生 2~5 枚叶。叶宽线形或宽线状披针形，稀窄长圆形，直伸，长 3~10cm，宽 0.5~1cm，基部具柄状鞘抱茎。花茎高达 25cm，上部被腺状柔毛或无毛；花序密生多花，长 4~10cm，螺旋状扭转。苞片卵状披针形；子房纺锤形，扭转，被腺状柔毛或无毛，连花梗长 4~5mm；花紫红、粉红或白色，在花序轴螺旋状排生；萼片下部靠合，中萼片窄长圆形，舟状，长 4mm，宽 1.5mm；与花瓣靠合

兜状，侧萼片斜披针形，长 5mm；花瓣斜菱状长圆形，与中萼片等长，较薄；唇瓣宽长圆形，凹入，长 4mm，前半部上面具长硬毛，边缘具皱波状啮齿，唇瓣基部浅囊状，囊内具 2 个胼胝体。

花 果 期：花期 7~8 月，果期 10~11 月。
分　　布：官山保护区全境。
生　　境：生于海拔 300~700m 的山坡林下、灌丛下、草地或河滩沼泽草甸中。
用　　途：观赏和药用。
致危因素：生境破碎化或丧失、过度采集和自然种群过小。

53 带唇兰

Tainia dunnii Rolfe

国家重点保护级别	CITES 附录	IUCN 红色名录	极小种群
—	II	NT	否

形态特征： 假鳞茎暗紫色，圆柱形，稀卵状圆锥形，长 1~7cm。叶窄长圆形，长 12~35cm，先端渐尖，叶柄长 2~6cm。花葶长 30~60cm，花序长达 20cm，疏生多花；花黄褐或棕紫色；中萼片窄长圆状披针形，长 1.1~1.2cm，宽 2.5~3mm，侧萼片窄长圆状镰形，与中萼片等长，基部贴生蕊柱足形成萼囊；花瓣与萼片等长而较宽，先端锐尖，唇瓣长约 1cm，前部 3 裂，侧裂片淡黄带紫黑色斑点，三角形，先端内弯，中裂片黄色，横长圆形，先端平截或稍凹缺，唇盘无毛或具短毛，具 3 枚褶片，侧生褶片弧形较高，中间的呈龙骨状。

花 果 期： 花期 4~5 月，果期 8~9 月。

分　　布： 官山保护区全境。

生　　境： 生于海拔 380~800m 的常绿阔叶林下或山涧溪边。

用　　途： 观赏。

致危因素： 生境破碎化或丧失、过度采集和自然种群过小。

54 线柱兰

Zeuxine strateumatica (L.) Schltr.

国家重点保护级别	CITES 附录	IUCN 红色名录	极小种群
—	II	LC	否

形态特征： 植株高达 28cm。根状茎短。茎淡棕色，具多枚叶。叶淡褐色，无柄，具鞘抱茎，叶线形或线状披针形，长 2~8cm，宽 2~6mm，有时均苞片状。总状花序几无花序梗，密生几朵至 20 余朵花，长 2~5cm。苞片卵状披针形，红褐色，长 0.8~1.2cm，长于花；子房椭圆状圆柱形，扭转，连花梗长 5~6mm；花白或黄白色；中萼片窄卵状长圆形，凹入，长 4~5.5mm，侧萼片斜长圆形，长 4~5mm，花瓣歪斜，半卵形或近镰状，与中萼片等长，宽 1.5~1.8mm，无毛，与中萼片黏贴呈兜状；唇瓣淡黄或黄色，肉质或较薄，舟状，基部囊状，内面两侧各具 1 个近三角形胼胝体，中部收窄成爪，爪长约 0.5mm，中央具沟痕，前部横椭圆形，长 2mm，顶端钝圆稍凹下或微突。蒴果椭圆形，长约 6mm，淡褐色。

花 果 期： 花期 5~6 月，果期 6~7 月。

分　　布： 官山保护区全境。

生　　境： 生于海拔 500m 以下的沟边或河边潮湿草地。

用　　途： 观赏和药用。

致危因素： 生境破碎化或丧失、过度采集和自然种群过小。

参考文献

卜朝阳，李俊玲，何荆洲，等，2011. 野生蕙兰无菌播种及繁育技术研究 [J]. 种子，30(9): 18-21.

曹昀，张聃，卢永聪，2008. 南方雨雪冰冻灾后林业生态恢复的措施 [J]. 福建林业科技，35(4): 207-209.

陈灵芝，1993. 中国的生物多样性——现状及其保护对策 [M]. 北京：科学出版社.

陈洁，2019. 福建72种野生兰科植物种子生物学及罗氏石斛的分子鉴定 [D]. 福州：福建师范大学.

陈秀萍，2018. 大黄花虾脊兰 (Calanthe striata R.Br.) 传粉生物学与无菌播种研究 [D]. 福州：福建农林大学.

程建国，李敏莲，杜正科，2002. 我国兰花栽培的历史、现状及发展前景 [J]. 西北林学院学报 (4): 29-32+40.

程杰，2024. 中国兰花起源考 [J]. 中国文化研究 (1): 56-75.

程志全，2015. 福建戴云山国家级自然保护区兰科植物物种多样性及其保护与中国线柱兰属的分类学研究 [D]. 上海：华东师范大学.

邓小祥，陈贻科，饶文辉，等，2016. 罗氏石斛，中国兰科一新种 [J]. 植物科学学报，34(1): 9-12.

董艳莉，2006. 杏黄兜兰的生物生态学特性及迁地栽培试验研究 [D]. 北京：中国林业科学研究院.

冯建孟，徐成东，2009. 中国种子植物物种丰富度的大尺度分布格局及其与地理因子的关系 [J]. 生态环境学报，18(1):249-254.

付秀芹，周海琳，方中明，等，2018. 蕙兰组培快繁体系的研究 [J]. 北方园艺 (24):104-109.

龚湉，2016. 寒兰成花机理及花期调控研究 [D]. 福州：福建农林大学.

龚席荣，陈琳，2017. 江西官山国家级自然保护区野生兰科植物资源及保护策略 [J]. 华东森林经理，31(4): 37-39+46.

谷海燕，杨楠，何利钦，等，2023. 峨眉槽舌兰非共生萌发及繁殖技术研究 [J]. 种子，42(1): 45-50.

郭子良，王龙飞，2013. 中国兰科植物沿经纬度的水平分布格局 [J]. 生物学杂志，30(5): 49-53.

黄宏文，张征，2024. 中国植物引种栽培及迁地保护的现状与展望 [J]. 生物多样性，20 (5):

559-571.

黄敏，江标，高大中，等，2022. 大黄花虾脊兰内生真菌及土壤真菌的群落特征研究 [J]. 生态科学，41(4): 111-119.

黄暖爱，黄绵佳，2007. 兰科植物保育研究概况（综述）[J]. 亚热带植物科学 36(4): 5.

黄双全，郭友好，2000. 传粉生物学的研究进展 [J]. 科学通报，45(3): 37-225.

蒋明，陈贝贝，贺蔡明，2012. 药材与资源石豆兰属植物 rDNA ITS 序列的克隆与分析 [J]. 中草药，43(2): 343-349.

蒋雅婷，段国敏，杜会聪，等，2019. 濒危植物无距虾脊兰种子无菌萌发与幼苗形成 [J]. 林业科学研究，32(2):8.

蒋玉玲，2018. 辽宁省内九种兰科植物菌根真菌多样性研究 [D]. 沈阳：沈阳农业大学.

金辉，亢志华，陈晖，等，2007. 菌根真菌对铁皮石斛生长和矿质元素的影响 [J]. 福建林学院学报 (1): 80-83.

金效华，向小果，陈彬，2011. 怒江河谷低海拔地区残存原生植被中兰科植物多样性 [J]. 生物多样性，19(1): 120-123+145-147.

李莉阳，2022. 两种虾脊兰属植物的自然杂交研究 [D]. 南昌：南昌大学.

李庆良，马晓开，程瑾，等，2012. 花颜色和花气味的量化研究方法 [J]. 生物多样性，20(3): 308-316.

李振基，2009. 江西九岭山自然保护区综合科学考察报告 [M]. 北京：科学出版社.

李志英，徐立，2014. 铁皮石斛液体振荡培养的形态学观察 [J]. 基因组学与应用生物学，33(2): 382-385.

梁娜，肖江，2012. 濒危植物杏黄兜兰环境因子监测设计 [J]. 南方农业学报，43(9): 1414-1419.

林海伦，李修鹏，章建红，等，2014. 中国兰科植物 1 新种——宁波石豆兰 [J]. 浙江农林大学学报，31(6): 847-849.

林榕燕，陈艺荃，林兵，等，2019. 杂交兰'黄金小神童'花芽分化过程形态与生理变化 [J]. 福建农业学报，34(2):170-175.

林英，1990. 井冈山自然保护区考察研究 [M]. 北京：新华出版社.

刘飞虎，2021. 江西省兰科植物区系地理与濒危状况研究 [D]. 南昌：南昌大学.

刘海平，陈秀萍，李珺，等，2020. 大黄花虾脊兰种子特性及无菌播种 [J]. 福建农林大学学报(自然科学版)，49(1): 29-34.

刘南南，2019. 多叶斑叶兰传粉机制及繁殖生物学研究 [D]. 南昌：南昌大学.

刘翘，杨威，2019. 兰花的传粉 [J]. 生命世界，4(13): 62-71.

刘文剑，2022. 湖南莽山国家级自然保护区植物物种多样性研究 [D]. 长沙：中南林业科技大学.

刘小明，郭英荣，刘仁林，2010. 江西齐云山自然保护区综合科学考察集 [M]. 北京：中国林业出版社.

刘信中，2005. 江西官山自然保护区科学考察与研究 [M]. 北京：中国林业出版社.

刘信中，方福生，2001. 江西武夷山自然保护区科学考察集 [M]. 北京：中国林业出版社.

卢思聪，1985. 兰花的果实及种子 [J]. 种子世界 (5): 8.

卢尧舜，2023. 江西官山亚热带森林植物多样性海拔梯度格局及其影响因素 [D]. 上海：华东师范大学.

陆楚桥，2020. '企剑白墨'花芽分化特性及花期调控研究 [D]. 佛山：佛山科学技术学院.

罗毅波，贾建生，王春玲，2003. 中国兰科植物保育的现状和展望 [J]. 生物多样性杂志，11(1): 70-77.

毛碧增，林蔚红，钱秀红，等，1998. 影响建兰原球茎增殖的若干因素 [J]. 浙江农业大学学报 (1): 68-70.

莫周美，张秀芬，李恒锐，等，2022. TTC 法快速测定葛根种子生活力 [J]. 种子，41(12):126-131.

彭芳，2012. 文心兰花芽形态分化及其生理生化的研究 [D]. 南宁：广西大学.

钱春，冯健红，张晨，等，2008. 几种培养基对蕙兰原球茎增殖培养的影响 [J]. 西南师范大学学报 (自然科学版)(5): 131-133.

邱莉，2022. 玉凤花属和虾脊兰属在中国的潜在适生区预测 [D]. 南昌：南昌大学.

任海，简曙光，刘红晓，等，2014. 珍稀濒危植物的野外回归研究进展 [J]. 中国科学：生命科学，44 (3): 230-237.

任玉连，范方喜，彭淑娴，等，2018. 纳帕海沼泽化草甸不同季节土壤真菌群落结构与理化性质的关系 [J]. 中国农学通报，34(29): 69-75.

任宗昕，王红，罗毅波，2012. 兰科植物欺骗性传粉 [J]. 生物多样性，20(3): 9-270.

阮稀，2022. 春剑和春兰繁育系统及其杂种子代 F1 鉴定 [D]. 绵阳：西南科技大学.

沈宝涛，2017. 见血青快速繁殖及栽培 [D]. 南昌：南昌大学.

时锦怡，2022. 中国几种虾脊兰属和玉凤花属植物的花挥发性成分研究 [D]. 南昌：南昌大学.

孙磊，邵红，刘琳，等，2011. 可产生铁载体的春兰根内生细菌多样性 [J]. 微生物学报，51(2): 189-195.

谈玲玲，2023. 中国兰科植物多样性地理格局及其环境相关性 [D]. 南昌：南昌大学.

覃海宁，杨永，董仕勇，等，2017. 中国高等植物受威胁物种名录 [J]. 生物多样性，25(7): 696-744.

覃俏梅，吴林芳，叶华谷，等，2021. 江西九岭山脉种子植物区系研究 [J]. 广西植物，41(3): 470-478.

唐链，田爽琪，2022. 植物组织培养技术的应用进展 [J]. 现代园艺, 45(18): 6-24.

唐凌凌，教忠意，2022. 国家重点保护野生植物名录及其变化分析 [J]. 福建林业科技，49(4): 125-132.

唐颖，2020. 枝孢霉菌对白及生长与氮代谢的影响研究 [D]. 重庆：西南大学.

陶至彬，2018. 兰科绶草属和玉凤花属传粉生态学和种间生殖隔离研究 [D]. 北京：中国科学院大学.

汪殿蓓，暨淑仪，陈飞鹏，2001. 植物群落物种多样性研究综述 [J]. 生态学杂志，20(4): 55-60.

王程旺，梁跃龙，张忠，等，2018. 江西省兰科植物新记录 [J]. 森林与环境学报，38(3): 367-371.

王连荣，黄天来，李勇，2022. 森林自然灾害分类与研究现状 [J]. 林业科技通讯 (8): 8-13.

王伟，周越，田瑜，等，2022. 自然保护地生物多样性保护研究进展 [J]. 生物多样性，30(10): 52-65.

王武，2013. 泽泻虾脊兰的传粉生物学研究 [D]. 南昌：南昌大学.

吴征镒，周浙昆，孙航，2006. 种子植物分布区类型及其起源和分化 [M]. 昆明：云南科技出版社.

吴正景，高文，马鑫婷，等，2021. 蕙兰种子根状茎培养与愈伤组织诱导 [J]. 陕西农业科学，67(5): 28-31.

徐婉，林雅君，赵莊，等，2022. 兰属植物资源与育种研究进展 [J]. 园艺学报，49 (12): 2722-2742.

许玥，臧润国，2022. 中国极小种群野生植物保护理论与实践研究进展 [J]. 生物多样性，30 (10): 84-105.

薛凯，李敏，2022. 国家重点保护野生植物介绍——石斛属 [J]. 生命世界 (9): 92-95.

杨柏云，杨宁生，范财茂，1995. 蕙兰（*Cymbidium faberi*）原球茎增殖培养条件的研究 [J]. 南昌大学学报 (理科版)(1): 39-42.

杨静秋，2017. 野生蕙兰传粉观察 [J]. 南方农业，11(18):38-39.

杨期和，杨和生，李姣清，2011. 植物自花授粉的类型及其适应性进化 [J]. 嘉应学院学报，29(8): 55-64.

杨琪，2013. 五唇兰野外种群监测和重引入研究 [D]. 海口：海南大学.

杨颖婕，黄家林，胡虹，等，2021. 中国兜兰属植物种质资源保护和利用研究进展 [J]. 西部林业科学，50 (5): 108-112+119.

余元钧，罗火林，刘南南，等，2020. 气候变化对中国大黄花虾脊兰及其传粉者适生区的影响 [J]. 生物多样性，28(7): 769-778.

庾晓红，罗毅波，董鸣，2008. 春兰（兰科）传粉生物学的研究 [J]. 植物分类学报 (2): 163-174.

臧敏，李永飞，邱筱兰，等，2010. 江西三清山兰科植物区系分析 [J]. 亚热带植物科学，39(1): 57-62+70.

曾小鲁，程景福，1989. 实用生物学制片技术 [M]. 北京：高等教育出版社.

查兆兵，2016. 多叶斑叶兰的传粉生物学研究 [D]. 南昌：南昌大学.

张聪，刘守金，杨柳，等，2017. GC-MS 法检测云南产细茎石斛花中挥发性成分 [J]. 云南农业大学学报：自然科学版，32 (1): 174-178.

张东旭，李承秀，王长宪，等，2009. 蕙兰杂交种子的无菌萌发和快速繁殖研究 [J]. 中国农学通报，25(12): 159-164.

张欢，2015. 黄花美冠兰花芽分化研究 [D]. 海口：海南大学.

张晴，王翰臣，程卓，等，2022. 中国野生兰科植物资源与保护利用现状 [J]. 中国生物工程杂志，42 (11): 59-72.

张孝然，2018. 大黄花虾脊兰生存群落特征及影响生长的环境因子研究 [D]. 北京：北京林业大学.

张殷波，杜昊东，金效华，等，2015. 中国野生兰科植物物种多样性与地理分布 [J]. 科学通报，60 (2): 179-188+1-16.

张玉武，喻理飞，2009. 贵州梵净山生物圈保护区原生兰科植物生态特征初步研究 [J]. 山地农业生物学报，28(4): 288-293.

赵雨杰，赵莉娜，胡海花，等，2023. 中国被子植物多样性及其保护研究进展 [J]. 自然杂志，45(6): 399-409.

周雅莲，王文静，吴栋，等，2020. 气质联用结合化学计量学分析兰花挥发性成分 [J]. 南昌大学学报（理科版），44 (1): 49-55.

周玉飞，罗晓青，王晓敏，等，2022. 喀斯特地区珍稀濒危铁皮石斛野外回归试验 [J]. 江苏农业学报，38(3): 798-805.

周慧君，2016. 魔帝类兜兰的组织培养研究 [D]. 广州：华南农业大学.

朱国兵，2006. 寒兰快速繁殖技术及其试管成花的研究 [D]. 南昌：南昌大学.

朱威霖，徐超，龙婷，等，2023. 基于回归保护的东北红豆杉野生种群维持的制约因素 [J]. 应用生态学报，34 (8): 2133-2141.

朱鑫敏，胡虹，李树云，等，2012. 内生真菌与两种兜兰共培养过程中的相互作用 [J]. 植物分类与资源学报，34(2): 171-178.

AGUIAR J M, PANSARIN E R, 2019. Deceptive pollination of *Ionopsis utricularioides* (Oncidiinae:Orchidaceae) [J]. Flora, 250: 72-78.

BAE K H, KIM S Y, 2015. Asymbiotic germination and seedling growth of *Calanthe striata* f. *sieboldii* Decne. ex Regel[J]. Journal of Plant Biotechnology, 42(3): 239-244.

BRODMANN J, TWELE R, FRANCKE W, et al., 2009. Orchid mimics honey bee alarm pheromone in order to attract hornets for pollination [J]. Current Biology, 19(16): 1368-1372.

BURGER H, DÖTTERL S, AYASSE M, 2010. Host-plant finding and recognition by visual and olfactory floral cues in an oligolectic bee [J]. Functional Ecology, 24(6): 1234-1240.

CARDINALE B J, DUFFY J E, GONZALEZ A, et al., 2012. Biodiversity loss and its impact on humanity [J]. Nature, 486(7401): 59-67.

CHAPURLAT E, ÅGREN J, ANDERSON J, et al., 2019. Conflicting selection onfloral scent emission in the orchid *Gymnadenia conopsea* [J]. New Phytologist, 222(4): 2009-2022.

DAVIES K, STPICZYŃSKA M, TURNER M, 2006. A rudimentary labellar speculum in *Cymbidium lowianum* Rchb. f. and *Cymbidium devonianum* Paxton (Orchidaceae) [J]. Annals of Botany, 97(6): 975-984.

DUPUY D, CRIBB P, TIBBS M, 2007. The genus *Cymbidium*[M]. Royal Botanic Gardens Kew.

DUPUY D J, 1986.A taxonomic revision of the genus *Cymbidium* Sw. (Orchidaceae) [D]. Birming ham: University of Birmingham.

FUCHS C, 2008. Convention on international trade in endangered species of wild fauna and flora (CITES)–conservation efforts undermine the legality principle [J]. German Law Journal, 9(11): 1565-1596.

GEORGE S, SHARMA J, YADON V L, 2009. Genetic diversity of the endangered and narrow endemic *Piperia yadonii* (Orchidaceae) assessed with ISSR polymorphisms[J]. American Journal of Botany, 96(11): 2022-2030.

GUERRANT J E O, KAYE T N, 2007. Reintroduction of rare and endangered plants: common factors, questions and approaches[J]. Australian Journal of Botany, 55(3): 362-370.

HANDEL S N, 1985. The intrusion of clonal growth patterns on plant breeding systems [J]. The American Naturalist, 125(3): 367-384.

HARMAN G E, HOWELL C R, VITERBO A, et al., 2004, *Trichoderma* species - opportunistic, avirulent plant symbionts[J]. Nature Reviews Microbiology, 2(1): 43-56.

IN C, SHIYONG L, RONG H, et al., 2007. Food-deceptive pollination in *Cymbidium lancifo-*

lium (Orchidaceae) in Guangxi, China [J]. Biodiversity Science, 15(6): 608-617.

JOHNSON S D, PETER C I, NILSSON L A, et al., 2003. Pollination success in a deceptive orchid is enhanced by co-occurring rewarding magnet plants [J]. Ecology, 84(11): 2919-2927.

KAISER-BUNBURY C N, MOUGAL J, WHITTINGTON A E, et al., 2017. Ecosystem restoration strengthens pollination network resilience and function [J]. Nature, 542(7640): 223-227.

KJELLSSON G, RASMUSSEN F N, DUPUY D, 1985. Pollination of *Dendrobium infundibulum*, *Cymbidium insigne* (Orchidaceae) and *Rhododendron lyi* (Ericaceae) by *Bombus eximius* (Apidae) in Thailand: a possible case of floral mimicry [J]. Journal of Tropical Ecology, 289-302.

KRESS W J, 1986. The systematic distribution of vascular epiphytes: an update [J]. Selbyana, 9(1): 2-22.

LAHONDÈRE C, VINAUGER C, OKUBO R P, et al., 2020. The olfactory basis of orchid pollination by mosquitoes [J]. Proceedings of the National Academy of Sciences, 117(1): 708-716.

LIU Q, CHEN J, CORLETT R T, et al., 2015. Orchid conservation in the biodiversity hotspot of southwestern China[J]. Conservation Biology, 29 (6): 1563-1572.

LUO C, HUANG Z Y, LI K, et al., 2013. EAG responses of *Apis cerana* to floral compounds of a biodiesel plant, *Jatropha curcas* (Euphorbiaceae) [J]. Journal of Economic Entomology, 106(4): 1653-1658.

LUO H L, LIANG Y L, XIAO H W, et al., 2020. Deceptive pollination of *Calanthe* by skippers that commonly act as nectar thieves[J]. Entomological Science, 23 (1): 3-9.

MAUNDE R M, 1992. Plant reintroduction: an overview [J]. Biodiversity and Conservation, 1(3): 51-61.

MERRITT D J, HAY F R, SWARTS N D, et al., 2014. Ex situ conservationand cryopreservation of orchid germplasm [J]. International Journal of Plant Sciences, 175(1): 46-58.

NAKAHAMA N, SUETSUGU K, ITO A, et al., 2019. Natural hybridization patterns between widespread *Calanthe discolor* (Orchidaceae) and insular *Calanthe izu-insularis* on the oceanic Izu Islands[J]. Botanical Journal of the Linnean Society, 190: 436-449.

NAOTO S, 2022. Floral and pollination biology of the critically endangered insular orchid *Calanthe amamiana*: Implications for in situ conservation[J]. Plant Species Biology, 37 (4): 294-303.

NONTACHAIYAPOOM S, SASIRA T S, MANOCH I, 2010. Isolation and identification of rhizoctonia-like fungi from roots of three orchid genera, *Paphiopedilum*, *Dendrobium* and *Cymbidium*, collected in Chiang Rai and Chiang Mai provinces of Thailand[J]. Mycorrhiza, 20(7): 459-471.

PARK S Y, HOSAKATTE N M, PAEK K Y, 2000. In vitro seed germination of *Calanthe sieboldii*, an endangered orchid species[J]. Journal of Plant Biology, 43(3): 158.

RASMUSSEN H N, 2002. Recent developments in the study of orchid mycorrhiza[J]. Plant and Soil, 244: 149-163.

RAVIGNÉ V, OLIVIERI I, MARTINEZ S G, et al., 2006. Selective interactions between short-distance pollen and seed dispersal in self-compatible species [J]. Evolution, 60(11): 2257-2271.

REN H, JIAN S G, LIU H X, et al., 2014. Advances in the reintroduction of rare and endangered wild plant species [J]. Science China Life Sciences, 57(6): 603-609.

REN Z X, LI D Z, BERNHARDT P, et al., 2011. Flowers of *Cypripedium fargesii* (Orchidaceae) fool flat-footed flies (Platypezidae) by faking fungus-infected foliage[J]. Proceedings of the National Academy of Sciences of the United States of America, 108 (18): 7478-7480.

REN Z X, WANG H, BERNHARDT P, et al., 2014. Which food-mimic floral traits and environmental factors influence fecundity in a rare orchid, *Calanthe yaoshanensis*?[J] Botanical Journal of the Linnean Society, 176 (3): 421-433.

RENNER S S, 1993. Pollination ecology: a practical approach [J]. Nordic Journal of Botany, 13(5): 514.

SALAMA A, SHUKLA M R, POPOVA E, et al., 2018. In vitro propagation and reintroduction of golden paintbrush (*Castilleja levisecta*), a critically imperilled plant species[J]. Canadian Journal of Plant Science, 98(3):762-770.

SARASAN V, PANKHURST T, YOKOYA K, et al., 2021. Microorganisms preventing extinction of a critically endangered *Dactylorhiza incarnata* subsp. *ochroleuca* in Britain using symbiotic seedlings for reintroduction[J]. Microorganisms, 9: 14-21.

SASAGAWA H, 2004. Honey bee communications and pollination tactics of *Cymbidium floribundum* [M]. The 2004 ESA Annual Meeting and Exhibition.

SHAO S C, LUO Y, JACQUEMYN H, 2022. Successful reintroduction releases pressure on China's orchid species[J]. Trends in Plant Science, 27(3): 211-213.

STÖKL J, BRODMANN J, DAFNI A, et al., 2011. Smells like aphids: orchid flowers mimic aphid alarm pheromones to attract hoverflies for pollination [J]. Proceedings of the Royal

Society B: Biological Sciences, 278(1709): 1216-1222.

SUETSUGU K, 2015. Autonomous self-pollination and insect visitors in partially and fully mycoheterotrophic species of *Cymbidium* (Orchidaceae) [J]. Journal of Plant Research, 128(1): 115-125.

SUGAHARA M, 2006. *Cymbidium devonianum* and *Cymbidium suavissimum* as well as *Cymbidium floribundum* attracts Japanese honeybees (*Apis cerana* japonica) [J]. Zoological Science, 23: 1225.

SUGAHARA M, IZUTSU K, NISHIMURA Y, et al., 2013.Oriental orchid (*Cymbidium floribundum*) attracts the Japanese honeybee (*Apis cerana* japonica) with a mixture of 3-hydroxyoctanoic acid and 10-hydroxy-(E)-2-decenoic acid[J]. Zoological Science, 30(2): 99-104.

SUGAHARA M, TSUTSUI K, 2001. Foraging behavior of *Apis cerana* japonica on the oriental orchids, *Cymbidium kanran* and *C. virescens* [J]. Bibliographic Information, 19(2): 81-82.

TSUJI K, KATO M, 2010. Odor-guided bee pollinators of two endangered winter/early spring blooming orchids, *Cymbidium kanran* and *Cymbidium goeringii*, in Japan [J]. Plant Species Biology, 25(3): 249-253.

WONG D C, PICHERSKY E, PEAKALL R, 2017. The biosynthesis of unusual floral volatiles and blends involved in orchid pollination by deception: current progress and future prospects [J]. Frontiers in Plant Science, 8: 1955-1962.

YAO H, WANG P, WANG N, et al., 2022, Functional and phylogenetic structures of pheasants in China [J]. Avian Research, 13: 100041.

YAMATO M, YAGAME T, SUZUKI A ,et al., 2005. Isolation and identification of mycorrhizal fungi associating with an achlorophyllous plant, *Epipogium roseum* (Orchidaceae)[J]. Mycoscience(2):46.

附表 1　官山保护区野生兰科植物名录

序号	种	生活型	国家重点保护级别	CITES 附录	IUCN 红色名录	中国特有
1	金线兰 *Anoectochilus roxburghii*	地生	二级	II	EN	—
2	浙江金线兰 *Anoectochilus zhejiangensis*	地生	二级	II	EN	Y
3	白及 *Bletilla striata*	地生	二级	II	EN	—
4	瘤唇卷瓣兰 *Bulbophyllum japonicum*	附生	—	II	LC	—
5	宁波石豆兰 *Bulbophyllum ningboense*	附生	—	—	—	—
6	毛药卷瓣兰 *Bulbophyllum omerandrum*	附生	—	II	NT	Y
7	剑叶虾脊兰 *Calanthe davidii*	地生	—	II	LC	—
8	虾脊兰 *Calanthe discolor*	地生	—	II	LC	—
9	钩距虾脊兰 *Calanthe graciliflora*	地生	—	II	NT	Y
10	异钩距虾脊兰 *Calanthe graciliflora* f. *jiangxiensis*	地生	—	II	—	—
11	反瓣虾脊兰 *Calanthe reflexa*	地生	—	II	LC	—
12	无距虾脊兰 *Calanthe tsoongiana*	地生	—	II	NT	Y
13	金兰 *Cephalanthera falcata*	地生	—	II	—	—
14	银兰 *Cephalanthera erecta*	地生	—	II	LC	—
15	蜈蚣兰 *Cleisostoma scolopendrifolium*	附生	—	II	—	—

序 号	种	生活型	国家重点保护级别	CITES附录	IUCN红色名录	中国特有
16	杜鹃兰 *Cremastra appendiculata*	地生	二级	—	—	—
17	斑叶杜鹃兰 *Cremastra unguiculata*	地生	—	II	CR	—
18	建兰 *Cymbidium ensifolium*	地生	二级	II	VU	—
19	蕙兰 *Cymbidium faberi*	地生	二级	II	—	—
20	多花兰 *Cymbidium floribundum*	附生	二级	II	VU	—
21	春兰 *Cymbidium goeringii*	地生	二级	II	VU	—
22	寒兰 *Cymbidium kanran*	地生	二级	II	VU	—
23	峨眉春蕙 *Cymbidium omeiense*	地生	二级	II	NT	Y
24	重唇石斛 *Dendrobium hercoglossum*	附生	二级	II	NT	—
25	霍山石斛 *Dendrobium huoshanense*	附生	一级	I	CR	Y
26	罗氏石斛 *Dendrobium luoi*	附生	二级	—	—	Y
27	细茎石斛 *Dendrobium moniliforme*	附生	二级	II	—	Y
28	铁皮石斛 *Dendrobium officinale*	附生	二级	II	VU	Y
29	毛萼山珊瑚 *Galeola lindleyana*	腐生	—	II	LC	—
30	天麻 *Gastrodia elata*	腐生	二级	II	LC	—
31	单叶厚唇兰 *Epigeneium fargesii*	附生	—	II	LC	—

序 号	种	生活型	国家重点保护级别	CITES附录	IUCN红色名录	中国特有
32	开宝兰 *Eucosia viridiflora*	地 生	—	—	—	—
33	斑叶兰 *Goodyera schlechtendaliana*	地 生	—	II	NT	—
34	绒叶斑叶兰 *Goodyera velutina*	地 生	—	II	LC	—
35	小小斑叶兰 *Goodyera pusilla*	地 生	—	—	—	Y
36	长苞羊耳蒜 *Liparis inaperta*	附 生	—	II	CR	Y
37	广东羊耳蒜 *Liparis kwangtungensis*	附 生	—	II	LC	Y
38	见血青 *Liparis nervosa*	地 生	—	II	LC	—
39	香花羊耳蒜 *Liparis odorata*	地 生	—	II	LC	—
40	小沼兰 *Oberonioides microtatantha*	地 生	—	II	NT	Y
41	风 兰 *Neofinetia falcata*	附 生	—	II	EN	—
42	细叶石仙桃 *Pholidota cantonensis*	附 生	—	II	LC	Y
43	马齿苹兰 *Pinalia szetschuanica*	附 生	—	II	LC	Y
44	东亚蝴蝶兰 *Phalaenopsis subparishii*	附 生	—	—	—	—
45	尾瓣舌唇兰 *Platanthera mandarinorum*	地 生	—	—	—	—
46	小舌唇兰 *Platanthera minor*	地 生	—	II	LC	—
47	小花蜻蜓兰 *Platanthera ussuriensis*	地 生	—	II	NT	—

序 号	种	生活型	国家重点保护级别	CITES附录	IUCN红色名录	中国特有
48	台湾独蒜兰 *Pleione formosana*	附生	二级	II	VU	Y
49	朱兰 *Pogonia japonica*	地生	—	II	NT	—
50	无柱兰 *Ponerorchis gracilis*	地生	—	II	—	—
51	绶草 *Spiranthes sinensis*	地生	—	II	LC	—
52	香港绶草 *Spiranthes hongkongensis*	地生	—	II	—	—
53	带唇兰 *Tainia dunnii*	地生	—	II	NT	Y
54	线柱兰 *Zeuxine strateumatica*	地生	—	II	LC	—

附表 2　官山兰花谷伴生植物名录

科	中文名	学名
猕猴桃科 Actinidiaceae	革叶猕猴桃	*Actinidia rubricaulis* var. *coriacea*
漆树科 Anacardiaceae	南酸枣	*Choerospondias axillaris*
	盐麸木	*Rhus chinensis*
	野漆	*Toxicodendron succedaneum*
夹竹桃科 Apocynaceae	紫花络石	*Trachelospermum axillare*
	络石	*Trachelospermum jasminoides*
冬青科 Aquifoliaceae	短梗冬青	*Ilex buergeri*
	厚叶冬青	*Ilex elmerrilliana*
	大叶冬青	*Ilex latifoli*
	小果冬青	*Ilex micrococca*
	亮叶冬青	*Ilex nitidissima*
	毛冬青	*Ilex pubescens*
五加科 Araliaceae	黄毛楤木	*Aralia chinensis*
	头序楤木	*Aralia dasyphylla*
	楤木	*Aralia elata*
	树参	*Dendropanax dentiger*
	刺楸	*Kalopanax septemlobus*
菊科 Asteraceae	蓟	*Cirsium japonicum*
	泥胡菜	*Hemisteptia lyrata*
	鼠曲草	*Pseudognaphalium affine*
	蒲儿根	*Sinosenecio oldhamianus*
小檗科 Berberidaceae	南天竹	*Nandina domestica*
桦木科 Betulaceae	桤木	*Alnus cremastogyne*
	江南桤木	*Alnus trabeculosa*
	光皮桦	*Betula luminifera*
	湖北鹅耳枥	*Carpinus hupeana*
紫葳科 Bignoniaceae	花楸	*Catalpa ovata*
紫草科 Boraginaceae	厚壳树	*Ehretia acuminata*

科	中文名	学　名
大麻科 Cannabaceae	朴　树	*Celtis sinensis*
忍冬科 Caprifoliaceae	忍　冬	*Lonicera japonica*
卫矛科 Celastraceae	过山枫	*Celastrus aculeatus*
	南蛇藤	*Celastrus orbiculatus*
	中华卫矛	*Euonymus nitidus*
山茱萸科 Cornaceae	毛八角枫	*Alangium kurzii*
	梾　木	*Cornus macrophylla*
	毛　梾	*Cornus walteri*
	光皮树	*Cornus wilsoniana*
莎草科 Cyperaceae	扁穗莎草	*Cyperus compressus*
	异型莎草	*Cyperus difformis*
	碎米莎草	*Cyperus iria*
	具芒碎米莎草	*Cyperus microiria*
	香附子	*Cyperus rotundus*
虎皮楠科 Daphniphyllaceae	虎皮楠	*Daphniphyllum oldhamii*
柿科 Ebenaceae	野　柿	*Diospyros kaki* var. *silvestris*
	君迁子	*Diospyros lotus*
	罗浮柿	*Diospyros morrisiana*
胡颓子科 Elaeagnaceae	胡颓子	*Elaeagnus pungens*
	蔓胡颓子	*Elaeagnus glabra*
杜英科 Elaeocarpaceae	杜　英	*Elaeocarpus decipiens*
	日本杜英	*Elaeocarpus japonicus*
	猴欢喜	*Sloanea sinensis*
杜鹃花科 Ericaceae	鹿角杜鹃	*Rhododendron latoucheae*
	马银花	*Rhododendron ovatum*
	杜　鹃	*Rhododendron simsii*
	南　烛	*Vaccinium bracteatum*
	江南越橘	*Vaccinium mandarinorum*
	米饭花	*Vaccinium sprengelii*
	越　橘	*Vaccinium vitis-idaea*

科	中文名	学名
大戟科 Euphorbiaceae	白背叶	*Mallotus apelta*
	毛桐	*Mallotus barbatus*
	野桐	*Mallotus tenuifolius*
	山乌桕	*Triadica cochinchinensis*
	油桐	*Vernicia fordii*
豆科 Fabaceae	山合欢	*Albizia kalkora*
	紫云英	*Astragalus sinicus*
	亮叶鸡血藤	*Callerya nitida*
	黄檀	*Dalbergia hupeana*
	花榈木	*Ormosia henryi*
壳斗科 Fagaceae	板栗	*Castanea mollissima*
	锥栗	*Castanea henryi*
	甜槠	*Castanopsis eyrei*
	栲	*Castanopsis fargesii*
	苦槠	*Castanopsis sclerophylla*
	麻栎	*Quercus acutissima*
	白栎	*Quercus fabri*
	青冈	*Quercus glauca*
	小叶青冈	*Quercus myrsinifolia*
金缕梅科 Hamamelidaceae	檵木	*Loropetalum chinense*
绣球科 Hydrangeaceae	圆锥绣球	*Hydrangea paniculata*
	蜡莲绣球	*Hydrangea strigosa*
	钻地风	*Schizophragma integrifolium*
	鸢尾	*Iris tectorum*
	鼠刺	*Itea chinensis*
胡桃科 Juglandaceae	化香树	*Platycarya strobilacea*
灯芯草科 Juncaceae	灯芯草	*Juncus effusus*

科	中文名	学 名
唇形科 Lamiaceae	广东紫珠	*Callicarpa kwangtungensis*
	紫 珠	*Callicarpa bodinieri*
	大 青	*Clerodendrum cyrtophyllum*
	海州常山	*Clerodendrum trichotomum*
	豆腐柴	*Premna microphylla*
	三叶木通	*Akebia trifoliata*
	大血藤	*Sargentodoxa cuneata*
	野木瓜	*Stauntonia chinensis*
樟 科 Lauraceae	樟	*Camphora officinarum*
	山胡椒	*Lindera glauca*
	山 橿	*Lindera reflexa*
	黄丹木姜子	*Litsea elongat*
	山鸡椒	*Litsea cubeba*
	红 楠	*Machilus thunbergii*
	闽 楠	*Phoebe bournei*
	红果钓樟	*Lindera erythrocarpa*
	薄叶润楠	*Machilus leptophylla*
	檫 木	*Sassafras tzumu*
木兰科 Magnoliaceae	巴东木莲	*Manglietia patungensis*
	乐昌含笑	*Michelia chapensis*
	紫花含笑	*Michelia crassipes*
	野含笑	*Michelia skinneriana*
	玉 兰	*Yulania denudata*
锦葵科 Malvaceae	庐山芙蓉	*Hibiscus paramutabilis*
	南京椴	*Tilia miqueliana*
	椴 树	*Tilia tuan*
通泉草科 Mazaceae	匍茎通泉草	*Mazus miquelii*
楝 科 Meliaceae	红 椿	*Toona ciliata*

科	中文名	学名
桑科 Moraceae	天仙果	*Ficus erecta*
	异叶榕	*Ficus heteromorpha*
	柘	*Maclura tricuspidata*
	华桑	*Morus cathayana*
杨梅科 Myricaceae	杨梅	*Morella rubra*
桃金娘科 Myrtaceae	赤楠	*Syzygium buxifolium*
木樨科 Oleaceae	白蜡树	*Fraxinus chinensis*
	小叶女贞	*Ligustrum quihoui*
	小蜡	*Ligustrum sinense*
罂粟科 Papaveraceae	黄堇	*Corydalis pallida*
五列木科 Pentaphylacaceae	杨桐	*Adinandra millettii*
	红淡比	*Cleyera japonica*
	短柱柃	*Eurya brevistyla*
	微毛柃	*Eurya hebeclados*
	细枝柃	*Eurya loquaiana*
	格药柃	*Eurya muricata*
	厚皮香	*Ternstroemia gymnanthera*
叶下珠科 Phyllanthaceae	湖北算盘子	*Glochidion wilsonii*
	青灰叶下珠	*Phyllanthus glaucus*
海桐科 Pittosporaceae	海桐	*Pittosporum tobira*
	海金子	*Pittosporum illicioides*
禾本科 Poaceae	看麦娘	*Alopecurus aequalis*
	野燕麦	*Avena fatua*
	茵草	*Beckmannia syzigachne*
	狗牙根	*Cynodon dactylon*
	马唐	*Digitaria sanguinalis*
	画眉草	*Eragrostis pilosa*
	淡竹叶	*Lophatherum gracile*
	双穗雀稗	*Paspalum distichum*
	毛竹	*Phyllostachys edulis*
	早熟禾	*Poa annua*

科	中文名	学名
蓼科 Polygonaceae	丛枝蓼	*Persicaria posumbu*
	羊蹄	*Rumex japonicus*
报春花科 Primulaceae	朱砂根	*Ardisia crenata*
鼠李科 Rhamnaceae	枳椇	*Hovenia acerba*
	拐枣	*Hovenia dulcis*
蔷薇科 Rosaceae	蛇莓	*Duchesnea indica*
	橉木	*Padus buergeriana*
	椤木石楠	*Photinia bodinieri*
	小叶石楠	*Photinia parvifolia*
	钟花樱	*Prunus campanulata*
	腺叶桂樱	*Prunus phaeosticta*
	山樱花	*Prunus serrulata*
	石斑木	*Rhaphiolepis indica*
	江南花楸	*Sorbus hemsleyi*
茜草科 Rubiaceae	水团花	*Adina pilulifera*
	黄栀子	*Gardenia jasminoides*
	栀子	*Gardenia jasminoides*
	大叶白纸扇	*Mussaenda shikokiana*
	钩藤	*Uncaria rhynchophylla*
芸香科 Rutaceae	假黄皮	*Clausena excavata*
	花椒	*Zanthoxylum bungeanum*
清风藤科 Sabiaceae	泡花树	*Meliosma cuneifolia*
	垂枝泡花树	*Meliosma flexuosa*
	多花泡花树	*Meliosma myriantha*
杨柳科 Salicaceae	山桐子	*Idesia polycarpa*
	柞木	*Xylosma congesta*
无患子科 Sapindaceae	紫果槭	*Acer cordatum*
	青榨槭	*Acer davidii*
	五裂槭	*Acer oliverianum*
五味子科 Schisandraceae	五味子	*Schisandra chinensis*
青皮木科 Schoepfiaceae	青皮木	*Schoepfia jasminodora*

科	中文名	学　名
省沽油科 Staphyleaceae	野鸦椿	*Euscaphis japonica*
	锐尖山香圆	*Turpinia arguta*
安息香科 Styracaceae	赤杨叶	*Alniphyllum fortunei*
	小叶白辛树	*Pterostyrax corymbosus*
山矾科 Symplocaceae	薄叶山矾	*Symplocos anomala*
	白檀	*Symplocos tanakana*
	光亮山矾	*Symplocos lucida*
	老鼠矢	*Symplocos stellaris*
	山矾	*Symplocos sumuntia*
瘿椒树科 Tapisciaceae	瘿椒树	*Tapiscia sinensis*
山茶科 Theaceae	长尾毛蕊茶	*Camellia caudata*
	尖连蕊茶	*Camellia cuspidata*
	木荷	*Schima superba*
榆科 Ulmaceae	榆树	*Ulmus pumila*
荨麻科 Urticaceae	紫麻	*Oreocnide frutescens*
荚科 Viburnaceae	宜昌荚蒾	*Viburnum erosum*
	荚蒾	*Viburnum dilatatum*
葡萄科 Vitaceae	蛇葡萄	*Ampelopsis glandulosa*
	乌蔹莓	*Cayratia japonica* var. *japonica*
	地锦	*Parthenocissus tricuspidata*

中文名索引

B
白及　114
斑叶杜鹃兰　128
斑叶兰　145

C
春兰　132
长苞羊耳蒜　147
重唇石斛　135

D
带唇兰　164
单叶厚唇兰　140
东亚蝴蝶兰　153
杜鹃兰　127
多花兰　131

E
峨眉春蕙　134

F
反瓣虾脊兰　122
风兰　151

G
钩距虾脊兰　120
广东羊耳蒜　148

H
寒兰　133

蕙兰　130
霍山石斛　136

J
见血青　149
建兰　129
剑叶虾脊兰　118
金兰　125
金线兰　112

K
开宝兰　141

L
瘤唇卷瓣兰　115
罗氏石斛　137

M
马齿苹兰　155
毛萼山珊瑚　142
毛药卷瓣兰　117

N
宁波石豆兰　116

R
绒叶斑叶兰　146

S
绶草　163

T
台湾独蒜兰　159
天麻　143
铁皮石斛　139

W
尾瓣舌唇兰　156
无距虾脊兰　123
无柱兰　161
蜈蚣兰　126

X
细茎石斛　138
细叶石仙桃　154
虾脊兰　119
线柱兰　165
香港绶草　162
香花羊耳蒜　150
小花蜻蜓兰　158
小舌唇兰　157
小小斑叶兰　144
小沼兰　152

Y
异钩距虾脊兰　121
银兰　124

Z
浙江金线兰　113
朱兰　160

学名索引

A

Anoectochilus roxburghii   112
Anoectochilus zhejiangensis   113

B

Bletilla striata   114
Bulbophyllum japonicum   115
Bulbophyllum ningboense   116
Bulbophyllum omerandrum   117

C

Calanthe davidii   118
Calanthe discolor   119
Calanthe graciliflora   120
Calanthe graciliflora f. *jiangxiensis*   121
Calanthe reflexa   122
Calanthe tsoongiana   123
Cephalanthera erecta   124
Cephalanthera falcata   125
Cleisostoma scolopendrifolium   126
Cremastra appendiculata   127
Cremastra unguiculata   128
Cymbidium ensifolium   129
Cymbidium faberi   130
Cymbidium floribundum   131
Cymbidium goeringii   132
Cymbidium kanran   133
Cymbidium omeiense   134

D

Dendrobium hercoglossum   135
Dendrobium huoshanense   136
Dendrobium luoi   137
Dendrobium moniliforme   138
Dendrobium officinale   139

E

Epigeneium fargesii   140
Eucosia viridiflora   141

G

Galeola lindleyana   142
Gastrodia elata   143
Goodyera pusilla   144
Goodyera schlechtendaliana   145
Goodyera velutina   146

L

Liparis inaperta   147
Liparis kwangtungensis   148
Liparis nervosa   149
Liparis odorata   150

N

Neofinetia falcata   151

O

Oberonioides microtatantha   152

P

Phalaenopsis subparishii   153

Pholidota cantonensis   154

Pinalia szetschuanica   155

Platanthera mandarinorum   156

Platanthera minor   157

Platanthera ussuriensis   158

Pleione formosana   159

Pogonia japonica   160

Ponerorchis gracilis   161

S

Spiranthes hongkongensis   162

Spiranthes sinensis   163

T

Tainia dunnii   164

Z

Zeuxine strateumatica   165